JN193341

論理回路講義ノート

博士（工学） 工藤栄亮 著

コロナ社

まえがき

　情報通信技術と訳される ICT という用語が普及し，携帯電話やタブレット端末などは身近なものとなった。情報通信技術者の活躍の場は広がり，論理回路はそのような技術者を目指す学生にとって基礎的な教養科目となっている。著者はこれまで，10 年近くにわたり地方の私立大学の工学部において，論理回路を教えている。

　大学入試の方法が多様化するとともに，18 歳人口の減少もあり，大学入学者の学力も多様化してきている。なかにはノートをとる習慣が身についていない学生もいる。論理回路に関する書籍は多数あり，カラー刷りの書や，平易な表現の書もあるものの，自ら進んで学習する習慣が身についていない学生にとって，そのような書籍を 1 人で読みこなすのは容易ではない。

　本書は工学部系の大学学部学生を対象として，前述のように多様な学生に対しても学習効果が得られるような教科書を目指している。本書の特徴は以下の 3 点である。

① 本文の記述中に空欄を設け，講義を聞きながら，その空欄を自ら埋めていく作業を読者に課している。手を動かすことにより知識の定着をはかるだけではなく，読者が本書に積極的に書き込みを入れることにより，読者にとってオリジナルなノートとなることを目指している。

② 論理回路を実際に実現するための回路素子などのアナログ電子回路に関する記述は思い切って省き，アナログ信号からディジタル信号への変換に関する最小限の記述にとどめた。こうしてアナログ電子回路をまだ学んでいない学生にもストレスなく読み進められるようにし，初学者にもわかりやすいように例題や演習問題の解答も丁寧な記述を心がけている。

③ （ICT 技術者を目指す大学生をおもな対象としているので，）情報通信システムに実際に利用されている重要なグレイ符号，誤り制御用符号などの符号に関する記述を充実させている。

　ICT システムの利活用が進み，e-ラーニングや，e-ラーニングを事前学習に利用する反転授業が注目されてきている。事前学習として空欄を埋める作業を課して，反転授業の際に問題演習を行うことにより，本書はこのような学習システムに対しても，学習効果を上げることができるような教科書となることを目指している。

　著者はもともと理学部の出身であり，実は論理回路の講義を受けたこともない。大学を卒

業し，社会人になってからはおもに移動無線通信の研究開発に携わってきた。著者は現在も移動無線通信とその応用技術に関連する研究をテーマにしている。授業では，教えている学生が将来著者の研究室に配属されたときに，このようなことは知っていてほしいと思っていることを積極的に取り入れて教えるように心がけている。論理回路を専門としてご活躍されている先生方からみれば門外漢の著者が書いた書籍であるので，厳密性に欠ける記述もあるかもしれないが，ご批判，ご指摘いただければ大変ありがたい。

なお，本書空欄ならびに【例題3.5】，【例題3.6】の解答は，コロナ社の本書書籍詳細ページ（http://www.coronasha.co.jp/np/isbn/9784339009132/）に掲載している。詳細は，p. 25 を参照いただきたい。

本書が将来の情報通信技術者の学習の一助になれば幸いである。

2018 年 7 月

工藤栄亮

目　　　次

1. ディジタル信号と 2 進数

1.1 アナログ信号とディジタル信号 ……………………………………………… 1
1.2 2　進　数 …………………………………………………………………… 4
　1.2.1 数系の相互変換 ……………………………………………………… 4
　1.2.2 2 進 数 の 演 算 ………………………………………………………… 7
　1.2.3 補　　　数 ……………………………………………………………… 10
演 習 問 題 …………………………………………………………………………… 12

2. 符　　　号

2.1 BCD　符　　　号 ………………………………………………………… 13
2.2 グ レ イ 符 号 ……………………………………………………………… 14
2.3 誤り制御用符号 …………………………………………………………… 18
　2.3.1 パリティ検査符号 …………………………………………………… 19
　2.3.2 水平垂直パリティ検査符号 ………………………………………… 19
　2.3.3 ハミング符号 ………………………………………………………… 20
演 習 問 題 …………………………………………………………………………… 25

3. 論 理 関 数

3.1 ブール代数の基本論理 …………………………………………………… 26
3.2 ブール代数の演算公式 …………………………………………………… 30
3.3 双 対 の 原 理 ……………………………………………………………… 38
3.4 標　準　形 ………………………………………………………………… 39
　3.4.1 主加法標準形 ………………………………………………………… 39
　3.4.2 主乗法標準形 ………………………………………………………… 40

iv 　目　　　　　次

3.4.3　標準形を求める方法 ……………………………………… 41

演　習　問　題 …………………………………………………… 44

4.　論理回路の設計

4.1　論理回路記号 ………………………………………………… 45

4.2　論理式の合成 ………………………………………………… 47

4.3　論理式の簡単化 ……………………………………………… 54

4.3.1　カルノー図を用いる方法 …………………………… 54

4.3.2　クワイン・マクラスキの方法 ……………………… 60

4.3.3　乗法形の論理式の簡単化 …………………………… 64

演　習　問　題 …………………………………………………… 66

5.　組合せ論理回路

5.1　加　算　回　路 ……………………………………………… 67

5.2　減　算　回　路 ……………………………………………… 74

5.3　エンコーダとデコーダ ……………………………………… 79

5.3.1　10進-BCDエンコーダとBCD-10進デコーダ ……… 79

5.3.2　(7,4)ハミング符号のエンコーダとデコーダ ……… 84

5.4　マルチプレクサとデマルチプレクサ ……………………… 87

演　習　問　題 …………………………………………………… 88

6.　フリップフロップ

6.1　RSフリップフロップ ………………………………………… 89

6.2　JKフリップフロップ ………………………………………… 92

6.3　Tフリップフロップ …………………………………………… 96

6.4　Dフリップフロップ …………………………………………… 97

演　習　問　題 …………………………………………………… 98

7. 順序論理回路

7.1 順序論理回路動作の表現法 ……………………………………… 100

7.2 順序論理回路の設計 ……………………………………………… 103

7.3 さまざまな順序論理回路 ………………………………………… 111

   7.3.1 リプルカウンタ ………………………………………………… 111

   7.3.2 並列型カウンタ ………………………………………………… 112

   7.3.3 レ ジ ス タ ……………………………………………………… 113

演 習 問 題 …………………………………………………………… 113

参 考 文 献 …………………………………………………………… 115

演 習 問 題 解 答 …………………………………………………… 116

索　　　　引 ………………………………………………………… 130

1

ディジタル信号と2進数

　論理回路とは論理演算を実現する電子回路であり，0と1の2値で表されるディジタル信号を扱う回路である。一方，実世界に存在する情報の多くは，光，音などアナログ信号である。また，普段の生活で扱う数は10進数であり，0と1だけで表すことができる2進数とは異なっている。本章では，アナログ信号とディジタル信号の違いと変換方法について述べ，2進数についても述べる。

1.1　アナログ信号とディジタル信号

　アナログ信号とは，連続的な信号として扱われる信号であり，**ディジタル信号**とは，時間的にも値も離散的な信号として扱われる信号である。音，光など自然界に存在する情報の多くはアナログ信号である。携帯電話，テレビ放送などの通信システムでは，サービス開始当初はアナログ信号をアナログ変調して伝送していたが，現在ではアナログ信号をディジタル信号に変換してからディジタル変調を用いて伝送している。これは，ディジタル信号はアナログ信号に対して，以下のような利点を有するからである。

① 雑音による影響を受けにくい。

② 記憶することが容易である。

③ 信号処理の方法の分割が容易で，単純な処理を組み合わせることにより複雑な信号処理も行うことができる。

　音，光などのアナログ信号からディジタル信号に変換するためには，まず**標本化**し，連続的に変化するアナログ信号から標本値を取り出し，時間的に離散的な信号に変換する。**図 1.1**に標本化の概念を示す。図1.1（a）の信号 $g(t)$ を時間間隔 T で標本化した信号が図1.1（b）である。

　標本化を行う時間間隔 T を決定するには，**標本化定理**が用いられる。

2　　1. ディジタル信号と2進数

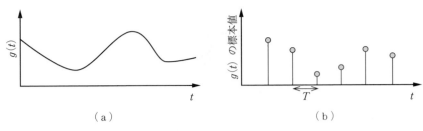

図1.1　標本化

> **標本化定理**
> 　時間関数 $g(t)$ に含まれる周波数が f_m 以下の場合，時間間隔 $T<1/(2f_m)$ ごとの $g(t)$ の値がわかれば，$g(t)$ は完全に決定できる。

　標本化定理より，高い周波数成分を含んでいる信号ほど，標本化を行う時間間隔を短くしなければならないことがわかる。言い換えると，時間的な変動の仕方がゆるやかな信号ほど，標本化の時間間隔を ① ┃　　　┃ できるということを示している。

　標本化したのちに**量子化**を行い，連続的な値を離散的な値に変換する。

> **量子化**
> 　用途に応じて必要な分解能を満足するような最小単位（量子化ステップサイズ）を定め，その整数倍によって信号の大きさを離散的に表現すること。

　図1.2に量子化の概念を示す。図1.2（a）の信号を4値に量子化した信号が図1.2（b）である。

　1標本値を n ビットの符号に変換するとき，2^n 個の値で表現できる。**図1.3** に $n=2$ の場合の量子化値と量子化ステップサイズの関係を示す。量子化される入力信号波形の最大値を A，最小値を0とすれば，量子化ステップサイズ s は式（1.1）で与えられる。

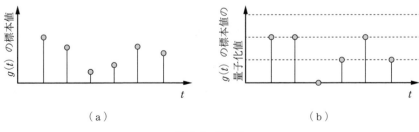

図1.2　量子化

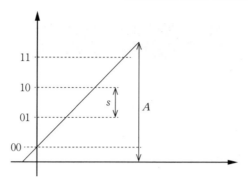

図 1.3 量子化値と量子化ステップサイズの関係

$$s = \boxed{②} \tag{1.1}$$

ところで，量子化を行うと，量子化される前の値と量子化された後の値の間にずれが生じる。このずれは雑音のようにふるまう。このずれの平均電力を**量子化平均雑音電力**と呼ぶ。量子化平均雑音電力は，量子化出力と入力信号との差の分散で表される。いま，簡単のため標本化器への入力信号 v の取り得る値が 0 から A の範囲で一様に分布すると仮定する。量子化出力と入力信号との差の分散 σ^2 は式 (1.2) で表される。

$$\sigma^2 = \frac{1}{s}\int_{-\frac{s}{2}}^{\frac{s}{2}} v^2 dv = \frac{s^2}{12} = \frac{A^2}{12}2^{-2n} \tag{1.2}$$

σ^2 は，量子化平均雑音電力である。式 (1.2) より 1 標本値を表現するビット数（量子化ビット数）n を 1 増やすと，量子化平均雑音電力は $\boxed{③}$ になることがわかる。

【例題 1.1】

最大周波数 10 kHz の信号を再現できるように標本化するには，標本化を行う時間間隔を何秒以下にすればよいか。

解

求める標本化時間間隔を T とすると，標本化定理より次式が得られる。

$$T \leq \frac{1}{2f_m} = \frac{1}{2 \times 10 \times 10^3} = 5 \times 10^{-5} [\text{s}] = 50 [\mu\text{s}]$$

よって，50 μs 以下にすればよい。　◆

4   1. ディジタル信号と2進数

1.2 2 進 数

普段の生活で用いられている数の多くは 10 進数である。一方，ディジタル信号は通常 2 進数で表現される。10 進数と 2^n 進数の表現例を**表 1.1** に示す。16 進数を表現するには 16 個の数字が必要になるので，0 ～ 9 の 10 個の数字のほかに，10, 11, 12, 13, 14, 15 を表す数字として，A, B, C, D, E, F を用いる。

表 1.1 10 進数と 2^n 進数の表現例

10 進数	2 進数	$(2^3=)$ 8 進数	$(2^4=)$ 16 進数
0	0	0	0
1	1	1	1
2	10	2	2
3	11	3	3
4	100	4	4
5	101	5	5
6	110	6	6
7	111	7	7
8	1000	10	8
9	1001	11	9
10	1010	12	A
11	1011	13	B
12	1100	14	C
13	1101	15	D
14	1110	16	E
15	1111	17	F

1.2.1 数系の相互変換

10 進数から 2 進数に変換することや，2 進数から 10 進数に変換する数系の相互変換の方法については，整数部分と小数部分に分けて考える必要がある。

まず，10 進数の整数から b 進数の整数への変換について考える。いま，m 桁の b 進数の整数 $M_{(b)}$ は以下のように表される。

$$M_{(b)}=d_{m-1}b^{m-1}+d_{m-2}b^{m-2}+\cdots+d_1b+d_0 \tag{1.3}$$

両辺を b で割ると

商：$d_{m-1}b^{m-2}+d_{m-2}b^{m-3}+\cdots+d_1$,   剰余：$d_0$

となり，$M_{(b)}$ の最下位桁の ① [　　　　　　] が剰余に現れる。この商をさらに b で割ると

商：$d_{m-1}b^{m-3}+d_{m-2}b^{m-4}+\cdots+d_2$, 　　剰余：$d_1$

となり，$M_{(b)}$ の下位から2番目の桁の ②｜　　　　　｜が剰余に現れる。この作業を繰り返せばすべての桁の数字が $d_0, d_1, d_2, \cdots, d_{m-1}$ の順で得られる。したがって，10進数の整数 $M_{(10)}$ を b 進数の整数 $M_{(b)}$ に変換するには，上記の除算を繰り返し行い，得られた剰余の数字を最下位桁から最上位桁に順番に並べればよい。

一般に最下位桁を **LSD**（**least significant digit**），最上位桁を **MSD**（**most significant digit**）といい，2進数ではこれらをそれぞれ，**LSB**（**least significant bit**），**MSB**（**most significant bit**）という。

一方，b 進数 m 桁の整数 $M_{(b)}$ を10進数の整数 $M_{(10)}$ に変換するには

$$M_{(10)}=d_{m-1}b^{m-1}+d_{m-2}b^{m-2}+\cdots+d_1b+d_0 \tag{1.4}$$

の値を求めればよい。

【例題 1.2】

10進数 $45_{(10)}$ を2進数に変換せよ。

解

```
2) 45
2) 22…1 ← LSB
2) 11…0
2)  5…1
2)  2…1
2)  1…0
    0…1 ← MSB
```

$$45_{(10)}=101101_{(2)}$$

なお，$1\times 2^5+1\times 2^3+1\times 2^2+1\times 2^0=32+8+4+1=45$ である。　　◆

【例題 1.3】

10進数 $950_{(10)}$ を16進数に変換せよ。

6 　　1. ディジタル信号と 2 進数

解

$$
\begin{array}{r}
59 \\
16\overline{)950} \\
\underline{80} \\
150 \\
\underline{144} \\
6 \leftarrow \text{LSD}
\end{array}
\qquad
\begin{array}{r}
3 \\
16\overline{)59} \\
\underline{48} \\
11
\end{array}
$$

$$950_{(10)} = 3\text{B}6_{(16)}$$ ◆

【例題 1.4】

2 進数 $101110_{(2)}$ を 10 進数に変換せよ。

解

$$101110_{(2)} = 1 \times 2^5 + 0 \times 2^4 + 1 \times 2^3 + 1 \times 2^2 + 1 \times 2^1 + 0 \times 2^0$$

$$= 32 + 8 + 4 + 2 = 46_{(10)}$$ ◆

つぎに 10 進数の小数から b 進数の小数への変換について考える。b 進数の小数 $M_{(b)}$ は次式で表される。

$$M_{(b)} = d_{-1}b^{-1} + d_{-2}b^{-2} + d_{-3}b^{-3} + \cdots \tag{1.5}$$

両辺に b をかけると

$$bM_{(b)} = d_{-1} + d_{-2}b^{-1} + d_{-3}b^{-2} + \cdots \tag{1.6}$$

となり，$M_{(b)}$ の小数第 1 位の ③ □□□□ が整数部に現れる。これを除いてさらに b をかけると

$$b(bM_{(b)} - d_{-1}) = d_{-2} + d_{-3}b^{-1} + d_{-4}b^{-2} + \cdots \tag{1.7}$$

となり，$M_{(b)}$ の小数第 2 位の ④ □□□□ が整数部に現れる。これらの作業を繰り返せばすべての桁の数字が $d_{-1}, d_{-2}, d_{-3}, \cdots$ の順で得られる。

したがって，10 進数の小数 $M_{(10)}$ を b 進数の小数 $M_{(b)}$ に変換するには，上記の乗算を繰り返し行い，整数部に 1 桁ずつ取り出される数字を小数第 1 位から下位に向かって順に書き並べればよい。なお，すでに述べたように，10 進数の整数を b 進数の整数に変換するには，除算を繰り返し行い，剰余を LSD から順に並べた。このことと統一的に覚えるには，整数のときも小数のときも ⑤ □□□□ に近い桁から順に並べると覚えればよい。

一方，b 進数の小数 $M_{(b)}$ を 10 進数の小数 $M_{(10)}$ に変換するには

$$M_{(10)} = d_{-1}b^{-1} + d_{-2}b^{-2} + d_{-3}b^{-3} + \cdots \tag{1.8}$$

の値を求めればよい。

【例題 1.5】

10 進数 $0.8125_{(10)}$ を 2 進数に変換せよ。

解

$$
\begin{array}{r}
0.8125 \\
\times 2 \\
\hline
1.6250 \cdots 整数部 1 \quad \text{←小数第1位} \\
\times 2 \\
\hline
1.2500 \cdots 整数部 1 \\
\times 2 \\
\hline
0.5000 \cdots 整数部 0 \\
\times 2 \\
\hline
1.0000 \cdots 整数部 1 \quad \text{←小数第4位}
\end{array}
$$

$0.8125_{(10)} = 0.1101_{(2)}$ ◆

【例題 1.6】

10 進数 $0.1640625_{(10)}$ を 16 進数に変換せよ。

解

$0.1640625_{(10)} = 0.2A_{(16)}$ ◆

【例題 1.7】

2 進数 $0.1011_{(2)}$ を 10 進数に変換せよ。

解

$$
\begin{aligned}
0.1011_{(2)} &= 1 \times 2^{-1} + 0 \times 2^{-2} + 1 \times 2^{-3} + 1 \times 2^{-4} \\
&= 0.5 + 0.125 + 0.0625 \\
&= 0.6875_{(10)}
\end{aligned}
$$
◆

1.2.2 2 進数の演算

1 ビット 2 進数の加算は以下のようになる。

$$0 + 0 = 0 \tag{1.9}$$

8   1. ディジタル信号と2進数

$$0+1=1 \tag{1.10}$$

$$1+0=1 \tag{1.11}$$

1+1では上位ビットへの**キャリー**(桁上り)が生じるので次式のようになる。

$$1+1=10 \tag{1.12}$$

【例題1.8】

　$101101_{(2)} + 11101_{(2)}$を求めよ。

解

```
   101101
+   11101
---------
  1001010
```

よって$101101_{(2)} + 11101_{(2)} = 1001010_{(2)}$となる。　　　　　　　　　　◆

　1ビット2進数の減算は以下のようになる。

$$0-0=0 \tag{1.13}$$

$$1-0=1 \tag{1.14}$$

$$1-1=0 \tag{1.15}$$

$0-1$では,0から1を引くことができないので,次式のように上位ビットからの**ボロー**(借り)が生じる。

$$10-1=1 \tag{1.16}$$

【例題1.9】

　$101010_{(2)} - 1011_{(2)}$を求めよ。

解

```
   101010
-    1011
---------
    11111
```

よって$101010_{(2)} - 1011_{(2)} = 11111_{(2)}$となる。　　　　　　　　　　◆

　乗算は乗数の各ビットについて,1のときには被乗数のLSBがそのビット位置に一致するようにシフトし,0のときには何もしない。この作業を乗数のLSBからMSBまで繰り返し行い,最後にすべての和をとる。

1.2 2 進 数 9

【例題 1.10】

$1001_{(2)} \times 1011_{(2)}$ を求めよ。

解

```
        1001
  ×     1011
        1001
       1001
      1001
     1100011
```

よって $1001_{(2)} \times 1011_{(2)} = 1100011_{(2)}$ となる。 ◆

　除算は被除数と除数の MSB の位置が一致するようにシフトしたとき，被除数が除数より大きいか等しければ，商の MSB を 1 とし，被除数から除数を引いて剰余を商の第 2 MSB 判定用の被除数とする。これに対して，被除数が除数より小さければ，商の MSB を 0 として被除数はそのままとする。いずれの場合も商の第 2 MSB を求めるには除数を 1 ビット下位にシフトして，上記の操作を繰り返す。

【例題 1.11】

$1111110_{(2)} \div 110_{(2)}$ を求めよ。

解

```
           10101
     110) 1111110
          110
           111
           110
            110
            110
              0
```

よって $1111110_{(2)} \div 110_{(2)} = 10101_{(2)}$ となる。 ◆

　被除数と除数の大小関係を判定するには，被除数から除数を引いて差の正負を判定するが，差が負のときには，引いた除数を加え直して，被除数の値をもとに戻した後に，除数を下位に 1 ビットシフトして減算を再実行することになる。除算途中の部分剰余を A，除数を B とし，$A < B$ とすると，前述の計算は次式で表される。

$$A - B + B - B \cdot 2^{-1} \qquad (1.17)$$

式 (1.17) は次式のように変形できる。

$$A - B + B \cdot 2^{-1} \qquad (1.18)$$

すなわち，B を加え戻して $B \cdot 2^{-1}$ を引く代わりに， ⑥ □ を加えればよい。式 (1.18) を用いれば，除算回路をより簡単に実現できる。

1.2.3 補　　　数

ハードウェアによって表示される桁数は有限であるから，例えば桁数が 5 ビットのとき，下記の二つの演算結果は等しくなる。

```
  01110        01110
 -01010       +10110
 ─────       ──────
  00100       ⊥00100
              ↑表示されない
```

$01010_{(2)}$ を減じるという演算は，$10110_{(2)}$ を加えるという演算と等しい。$10110_{(2)}$ を $01010_{(2)}$ の **2 の補数**という。一般に，n ビットの 2 進数 A の 2 の補数を B とすると

$$B = 2^n - A \qquad (1.19)$$

である。2 の補数を簡単に求める方法として，**1 の補数**を利用する方法がある。

$$C = 2^n - 1 - A \qquad (1.20)$$

を 1 の補数という。$2^n - 1$ は，すべてのビットが 1 である n ビットの 2 進数 ⑦ □ であるので，2 進数 A の 1 の補数 C は A の各ビットについて，1 は 0 に，0 は 1 に，たがいに反転させたものである。ここで，式 (1.19) と式 (1.20) から

表 1.2　4 ビット 2 進数の補数

2 進数	1 の補数	2 の補数
0000	1111	0000
0001	1110	1111
0010	1101	1110
0011	1100	1101
0100	1011	
0101	1010	
0110	1001	
0111	1000	
1000	0111	

$$B = C + 1 \tag{1.21}$$

である。したがって，2進数 A の2の補数 B を求めるには，まず，各ビットを反転し，1の補数 C を求め，これに1を加えればよい。4ビット2進数の補数の例を**表1.2**に示す。表中の空欄を埋めてみよう。

n ビットの2進数系において，n ビットの任意の2進数 Y から A を引く減算は，A の2の補数 B または A の1の補数 C を用いることにより，つぎのように加算によって実行できる。

$$\begin{aligned} Y - A &= Y - 2^n + B = Y + B \\ &= Y - 2^n + C + 1 = Y + C + 1 \end{aligned} \tag{1.22}$$

このことは $-A$ という負の数が B という2の補数によって表現できることを示している。

【例題 1.12】
8ビットの2進数 $11011101_{(2)}$ の1の補数と2の補数を求めよ。

解
　1の補数：00100010
　2の補数：00100011　　　　　　　　　　　　　　　　　　　　　　　　　　◆

負の数を2の補数によって表現する場合，正の数のときの MSB は0，負の数のときの MSB は1となる。正負の数を4ビットの2進数を用いて表現する数系と10進数との関係は**図1.4**で表される。

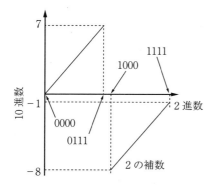

図1.4 補数を用いた4ビット2進数と10進数の関係

ここで，n ビットの2の補数系で扱うことのできる数 M の範囲は次式で表される。

$$-2^{n-1} \le M \le 2^{n-1} - 1 \tag{1.23}$$

一方，2の補数を使わずに0と自然数だけの場合に扱うことのできる数 M の範囲は次式

で表される。

$$0 \leq M \leq 2^n - 1 \tag{1.24}$$

4ビットの2の補数系で $6_{(10)} + 4_{(10)}$ を計算すると

$$0110_{(2)} + 0100_{(2)} = 1010_{(2)} = -6_{(10)} \tag{1.25}$$

となり，誤った結果が得られる。これは，4ビットの2の補数系で表せる数の範囲（$-8 \sim +7$）を超えた数（$6+4=10$）を扱ったために，**オーバーフロー**となったのである。つぎのときにオーバーフローが生じる。

① 正の数どうしの加算でサインビット（MSB）への桁上げがある。

② 負の数どうしの加算でサインビット（MSB）への桁上げがない。

2の補数系を用いる演算回路では，オーバーフロー検出機能をもたせて，オーバーフローによって発生する誤りを防ぐ必要がある。

演習問題

【1.1】 音声を8kHzで標本化を行い，7ビットに量子化し，1ビットの制御信号を付加して伝送すると伝送速度はいくらになるか。

【1.2】 10進数 $90.625_{(10)}$ を2進数に変換せよ。

【1.3】 8ビットの2の補数系を用いて，つぎの10進演算を実行せよ。

$$95 - 30 = 65$$

2

符　　　　　号

実際にディジタル信号を伝送する際には，1ビットずつのバラバラの信号ではなく，グループ化して符号として扱うほうが扱いやすい。本章では，BCD符号，グレイ符号，さらに，誤り制御用符号の例として，パリティ検査符号およびハミング符号について学ぶ。

2.1　BCD　符　号

実生活では10進数が広く使われている。**BCD符号**（**binary coded decimal code**）は2進化10進符号ともいい，10進数を2進数的に表現する符号である。4ビットの2進数により $2^4 = 16$ 個の数を表せるが，このうち，0〜9に相当する10個の数のみを用い，残り ① ［　　　　　］個の数を禁止することによって，10進数の1桁と4ビットの符号を1対1に対応させている。

【例題 2.1】
10進数 541 を BCD 符号で表せ。

解

$$\underbrace{5}_{0101} \quad \underbrace{4}_{0100} \quad \underbrace{1}_{0001}$$

よって，$541_{(10)} = 010101000001_{(BCD)}$ となる。　　　　　　　　　　　　　　　◆

【例題 2.2】
BCD 符号 10000111 を 10 進数で表せ。

---

14   2. 符　　　　　号

解

$$\underbrace{1000}_{8}\ \underbrace{0111}_{7}$$

よって，$10000111_{(BCD)} = 87_{(10)}$ となる。　　　　　　　　　　　　　　　◆

　BCD 符号では禁止している数があるので，このまま四則演算を行うと誤りが発生してしまうことに注意を要する。一例として $15_{(10)} + 16_{(10)} = 31_{(10)}$ を考える。$15_{(10)} = 00010101_{(BCD)}$，$16_{(10)} = 00010110_{(BCD)}$ であるので，このまま単純に加算すると次式のようになり，$31_{(10)} =$ ②[　　　　　　]$_{(BCD)}$ とは異なる結果になり誤ってしまう。

$$\begin{array}{r} 00010101 \\ +\ 00010110 \\ \hline 00101011 \end{array} \tag{2.1}$$

2.2　グ　レ　イ　符　号

　携帯電話など種々の通信システムで用いられているディジタル変調方式の一つに，QPSK（quadrature phase shift keying）がある。PSK（phase shift keying）とは位相に情報を載せて伝送する変調方式であり，QPSK では 2 ビットの信号を四つの位相に対応させて伝送する。これらの四つの位相は，複素平面を用いて四つの信号点として表示することができる。**図2.1** に QPSK の信号点配置図を示す。図 2.1（a）のように 2 進数を用いて信号点を配置すれば，00 の信号点で送信し，雑音などの影響により誤って隣接する信号点 11 に復号された場合に，①[　　　　　] ビット誤ってしまう。ところが，**グレイ符号**を用いて図 2.1（b）のように信号点を配置すれば，00 の信号点で送信し，雑音の影響により隣接している信号点 01 に誤っても 1 ビットしか誤らない。このように，グレイ符号は，隣接する符号間では ②[　　　　] ビットのみが 0→1 あるいは 1→0 と変化する符号であり，実際の通信システムでも利用されている重要な符号である。**図2.2** にグレイ符号を適用した多値 PSK の信号点配置図を示す。

　図2.3 にグレイ符号の作成法を示す。1 ビットのグレイ符号は 2 進数と同じである。2 ビットのグレイ符号をつくるには，MSB に 0 と 1 を 2 ビットずつ 0, 0, 1, 1 と並べ，1 ビットのグレイ符号を線対称となるように並べる。以下同様に n ビットのグレイ符号をつくるには，MSB に 0 と 1 を 2^{n-1} ビットずつ並べ，$n-1$ ビットのグレイ符号を線対称となるように並べればよい。**表2.1** に 4 ビットの 2 進数とグレイ符号を示す。表 2.1 中の空欄を埋めて

2.2 グレイ符号　15

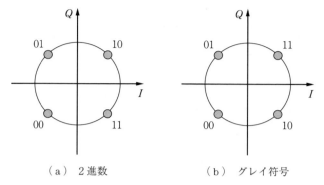

(a) 2進数　　　　(b) グレイ符号

図 2.1　QPSK の信号点配置図

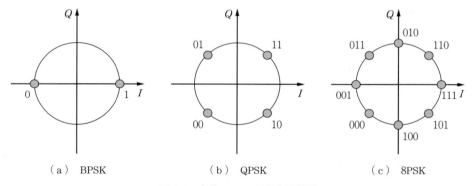

(a) BPSK　　　(b) QPSK　　　(c) 8PSK

図 2.2　多値 PSK の信号点配置図

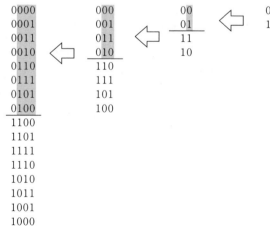

図 2.3　グレイ符号の作成法

16 2. 符　　　号

表 2.1　4 ビットの 2 進数とグレイ符号

10 進数	2 進数	グレイ符号	10 進数	2 進数	グレイ符号
0	0000	0000	8	1000	
1	0001	0001	9	1001	
2	0010	0011	10	1010	
3	0011	0010	11	1011	
4	0100	0110	12	1100	
5	0101	0111	13	1101	
6	0110	0101	14	1110	
7	0111	0100	15	1111	

みよう。

　ところで，前述したグレイ符号の作成法は直感的にわかりやすい作成法ではあるが，1 ビットのグレイ符号から順に作成するため，ビット数が多くなれば作業量も膨大になる。そこで，数式を用いて 2 進数からグレイ符号へ変換する方法についても述べる。

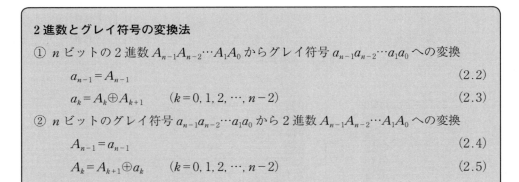

ここで，式 (2.2)～(2.5) に出てくる ⊕ は**排他的論理和**と呼ばれ，以下の関係が成り立つ。

$$0 \oplus 0 = 0 \tag{2.6}$$
$$0 \oplus 1 = 1 \tag{2.7}$$
$$1 \oplus 0 = 1 \tag{2.8}$$
$$1 \oplus 1 = 0 \tag{2.9}$$

　式 (2.2)～(2.5) のイメージを**図 2.4** に示す。

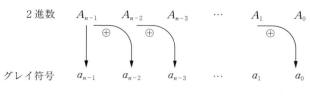

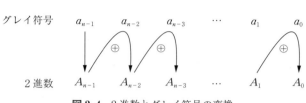

図 2.4 2進数とグレイ符号の変換

【例題 2.3】
2進数 $1110_{(2)}$ をグレイ符号に,グレイ符号 $1110_{(Gray)}$ を2進数にそれぞれ変換せよ.

解

2進数 $1110_{(2)}$ をグレイ符号に変換する.

$A_3=1$, $A_2=1$, $A_1=1$, $A_0=0$

であるから,式 (2.2) より

$a_3=A_3=1$

となる.また,式 (2.3) より

$a_2=A_2\oplus A_3=1\oplus 1=0$

$a_1=A_1\oplus A_2=1\oplus 1=0$

$a_0=A_0\oplus A_1=0\oplus 1=1$

となる.したがって,$1110_{(Gray)}=1001_{(2)}$ となる.

つぎに,グレイ符号 $1110_{(Gray)}$ を2進数に変換する.

$a_3=1$, $a_2=1$, $a_1=1$, $a_0=0$

であるから,式 (2.4) より

$A_3=a_3=1$

となる.また,式 (2.5) より

$A_2=A_3\oplus a_2=1\oplus 1=0$

$A_1=A_2\oplus a_1=0\oplus 1=1$

$A_0=A_1\oplus a_0=1\oplus 0=1$

となる.したがって,$1110_{(2)}=1011_{(Gray)}$ となる.

18　2. 符　　　　　号

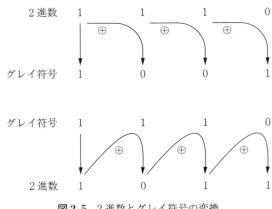

図 2.5　2進数とグレイ符号の変換

なお，図 2.4 のように図を用いてこれらの変換を表すと**図 2.5**のようになり，同様の結果が得られる。

したがって，次式が得られる。

$1110_{(Gray)} = 1001_{(2)}$

$1110_{(2)} = 1011_{(Gray)}$　　　　　　　　　　　　　　　　　　　　　　　◆

2.3　誤り制御用符号

ディジタル信号は，量子化を行うしきい値以下の雑音であれば量子化値は変わらず劣化なく伝送できるが，しきい値よりも大きな雑音が加わった場合には誤りが発生する。また実際の通信では，雑音だけではなく，他の通信からの干渉も受け，誤りが発生する。このような誤りを改善する技術の一つとして**誤り制御**がある。

誤り制御は誤り検出のみ行う**再送制御**（**automatic repeat request：ARQ**）と**誤り訂正**（**forward error correction：FEC**）の二つに大別できる。誤り訂正とは，受信側で，受信符号の性質を調べて，どこに，どのような誤りが生じたかを判断する。送信側には問い合わせないので，放送のような**片方向通信**でも用いることができる。再送制御とは，受信側で，受信符号に誤りが生じていることを判断して，送信側に送信符号の再送を要求するので，**双方向通信**に用いられる。

本節では，誤り検出符号である**パリティ検査符号**，1ビット誤り訂正可能な**水平垂直パリティ検査符号**，そして水平垂直パリティ検査符号よりも効率のよい **(7, 4) ハミング符号**について学ぶ。

2.3.1 パリティ検査符号

送信すべき k 個の情報ビットを $x_0, x_1, \cdots, x_{k-1}$ （ただし，$x_i \in \{0,1\}$）とする。**単一パリティ検査符号**では $x_0, x_1, ..., x_{k-1}$ のなかの 1 の個数を数えて，奇数ならば $(k+1)$ 番目のビットを x_k として，$x_k=1$ を付加し，偶数ならば，$x_k=0$ を付加する。伝送路中で発生した誤りが，奇数個ならば，誤りが発生したことを受信側で検出することができる。情報を直接的に表現しているビットを**情報ビット**と呼び，これに対して，検査あるいは訂正のために付加したビットを**検査ビット**と呼ぶ。なお，上記は 1 の個数が偶数になるように検査ビットを加える**偶数パリティ検査符号**についての説明であるが，1 の個数が奇数になるように検査ビットを加える**奇数パリティ検査符号**もある。以下，偶数パリティ検査符号について，数式を用いて説明する。

送信側では k 個の情報ビット $(x_0, x_1, \cdots, x_{k-1})$ に対して，式 (2.10) を用いて検査ビット x_k を求める。

$$x_k = x_0 \oplus x_1 \oplus \cdots \oplus x_{k-1} \tag{2.10}$$

ここで，式 (2.10) を変形すると次式が得られる。

$$x_0 \oplus x_1 \oplus \cdots \oplus x_{k-1} \oplus x_k = 0 \tag{2.11}$$

受信側では，受信ビット列に対して式 (2.11) の左辺の演算を行う。

$$x_0 \oplus x_1 \oplus \cdots \oplus x_{k-1} \oplus x_k = s \tag{2.12}$$

式 (2.12) の s を**誤りシンドローム**と呼び，s が ① ┃　　　┃ であれば誤りがないと判断し，② ┃　　　┃ であれば誤りが発生していると判断する。このように符号のなかの 1 の個数が偶数か，奇数かを検査することを**パリティ検査**と呼び，誤りが発生していると判断した場合は，送信側に再度送信するよう要求する。

2.3.2 水平垂直パリティ検査符号

2.3.1 項で紹介したパリティ検査符号では奇数ビットの誤りを検出できるものの，正しい伝送を行うためには再送信を要求する必要があり，片方向通信では，正しく訂正することはできない。送信側に問い合わせることなく，受信側だけで誤りを訂正できる符号の一つに，パリティ検査ビットを面的に配置して，1 ビットの誤りを訂正できる水平垂直パリティ検査符号がある。水平垂直パリティ検査符号では，方形の情報ビットのブロックを作成し，垂直方向と水平方向の両方向に検査ビットを 1 ビットずつ付加する。**図 2.6**に水平垂直パリティ検査符号の例を示す。この符号は単一ビットの誤りであれば，つねに正しくその誤りビットを受信側で知ることができる**単一誤り訂正符号**である。例として，図 2.6 で符号化されて送

信され，**図 2.7**（a）の信号が受信されたとする。この信号に対して，各行，各列について誤りシンドロームを計算すると，図 2.7（b）のようになる。図（b）より，誤りシンドロームが 1 となっているのは，2 行目と 3 列目である。したがって，2 行 3 列目のビットが誤っていると判定し，このビットを 0 から 1 に反転することによって訂正できる。

情報ビット	0	0	1	0	1	1	1
	1	0	1	0	1	1	0
	1	1	0	1	0	0	1
	1	0	0	1	0	1	1
検査ビット	1	1	0	0	0	1	1

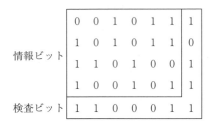

図 2.6　水平垂直パリティ検査符号の例

0	0	1	0	1	1	1
1	0	0	0	1	1	0
1	1	0	1	0	0	1
1	0	0	1	0	1	1
1	1	0	0	0	1	1

（a）

受信信号	0	0	1	0	1	1	1	0
	1	0	0	0	1	1	0	1
	1	1	0	1	0	0	1	0
1 反転	1	0	0	1	0	1	1	0
	1	1	0	0	0	1	1	0
誤りシンドローム	0	0	1	0	0	0	0	

（b）

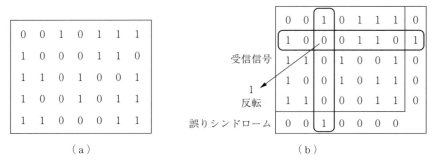

図 2.7　水平垂直パリティ検査符号の復号例

2.3.3　ハミング符号

図 2.8 に情報ビット数が 4 のときの水平垂直パリティ検査符号の例を示す。水平垂直パリティ検査符号を用いると 4 個の情報ビットに対し，5 個の検査ビットを加えることにより **1 符号語**（9 ビット）当り 1 ビットの誤りを訂正することができる。このとき**符号化率**（**情報ビット数**/（**検査ビット数**＋**情報ビット数**））は ③＿＿＿＿ である。この符号は，送りたい情報ビットよりも検査ビットのほうが多くなってしまうため，効率が高いとはいえない。これよりも効率が高い（符号化率の高い）誤り訂正符号に**ハミング符号**がある。本項では，単一誤り訂正可能な（7,4）ハミング符号について学ぶ。

4 個の情報ビット x_0，x_1，x_2，x_3 に対し

情報ビット	0	1	1
	1	1	0
検査ビット	1	0	1

図 2.8　水平垂直パリティ検査符号の例（情報ビット数 4）

$$c_0 = x_0 \oplus x_1 \oplus x_2 \tag{2.13}$$

$$c_1 = \quad x_1 \oplus x_2 \oplus x_3 \tag{2.14}$$

$$c_2 = x_0 \oplus x_1 \quad \oplus x_3 \tag{2.15}$$

により，検査ビット c_0, c_1, c_2 をつくり

$$\boldsymbol{w} = (x_0, x_1, x_2, x_3, c_0, c_1, c_2) \tag{2.16}$$

という符号語に符号化する。

【例題 2.4】

　情報ビット列 $(1, 0, 1, 1)$ をハミング符号化せよ。

解

式 (2.13)〜(2.15) より

$$c_0 = x_0 \oplus x_1 \oplus x_2 = 1 \oplus 0 \oplus 1 = 0$$

$$c_1 = x_1 \oplus x_2 \oplus x_3 = 0 \oplus 1 \oplus 1 = 0$$

$$c_2 = x_0 \oplus x_1 \oplus x_3 = 1 \oplus 0 \oplus 1 = 0$$

したがって，$\boldsymbol{w} = (1, 0, 1, 1, 0, 0, 0)$ となる。　　　　　　　◆

　(7,4) ハミング符号は，情報ビット数が 4 で，符号語は全部で ④ ⬚ 個存在する。

図 2.9 に (7,4) ハミング符号の符号語を示す。

$$\boldsymbol{w} = (x_0, x_1, x_2, x_3, c_0, c_1, c_2)$$
$$= (x_0, x_1, x_2, x_3, x_0 \oplus x_1 \oplus x_2, x_1 \oplus x_2 \oplus x_3, x_0 \oplus x_1 \oplus x_3) \tag{2.17}$$

であるから

$$G = \begin{pmatrix} 1 & 0 & 0 & 0 & 1 & 0 & 1 \\ 0 & 1 & 0 & 0 & 1 & 1 & 1 \\ 0 & 0 & 1 & 0 & 1 & 1 & 0 \\ 0 & 0 & 0 & 1 & 0 & 1 & 1 \end{pmatrix} \tag{2.18}$$

という行列 G を考えれば，$\boldsymbol{w}$ は G を用いて次式で表される。

$$\boldsymbol{w} = xG \tag{2.19}$$

ただし，$x = (x_0, x_1, x_2, x_3)$ であり，行列の乗算を行う際の各要素の乗算結果の加算は排他的論理和である。このように，情報符号ベクトルをかけたとき，それに対応する符号語が生成される行列 G を**生成行列**という。

　(7,4) ハミング符号を復号するために，受信符号 $\boldsymbol{y} = (y_0, y_1, y_2, y_3, y_4, y_5, y_6)$ から次式で表される誤りシンドローム $\boldsymbol{s} = (s_0, s_1, s_2)$ を求める。

x_0	x_1	x_2	x_3	c_0	c_1	c_2
0	0	0	0	0	0	0
0	0	0	1	0	1	1
0	0	1	0	1	1	0
0	0	1	1	1	0	1
0	1	0	0	1	1	1
0	1	0	1	1	0	0
0	1	1	0	0	0	1
0	1	1	1	0	1	0
1	0	0	0	1	0	1
1	0	0	1	1	1	0
1	0	1	0	0	1	1
1	0	1	1	0	0	0
1	1	0	0	0	1	0
1	1	0	1	0	0	1
1	1	1	0	1	0	0
1	1	1	1	1	1	1

図 2.9 (7,4)ハミング符号の符号語

$$s_0 = y_0 \oplus y_1 \oplus y_2 \quad\ \oplus y_4 \tag{2.20}$$

$$s_1 = \quad\ y_1 \oplus y_2 \oplus y_3 \quad\ \oplus y_5 \tag{2.21}$$

$$s_2 = y_0 \oplus y_1 \quad\ \oplus y_3 \quad\quad \oplus y_6 \tag{2.22}$$

ここで，受信符号 $\boldsymbol{y} = (y_0, y_1, y_2, y_3, y_4, y_5, y_6)$ は送信符号と**誤りパターン** $\boldsymbol{e} = (e_0, e_1, e_2, e_3, e_4, e_5, e_6)$ を用いて次式で表される。

$$\boldsymbol{y} = \boldsymbol{w} \oplus \boldsymbol{e} = (x_0 \oplus e_0, x_1 \oplus e_1, x_2 \oplus e_2, x_3 \oplus e_3, c_0 \oplus e_4, c_1 \oplus e_5, c_2 \oplus e_6) \tag{2.23}$$

ところで，式 (2.13)〜(2.15) より，以下の式が得られる。

$$0 = x_0 \oplus x_1 \oplus x_2 \quad\ \oplus c_0 \tag{2.24}$$

$$0 = \quad\ x_1 \oplus x_2 \oplus x_3 \quad\ \oplus c_1 \tag{2.25}$$

$$0 = x_0 \oplus x_1 \quad\ \oplus x_3 \quad\quad \oplus c_2 \tag{2.26}$$

式 (2.23) を式 (2.20)〜(2.22) に代入し，式 (2.24)〜(2.26) を適用することにより次式が得られる。

$$s_0 = e_0 \oplus e_1 \oplus e_2 \quad\ \oplus e_4 \tag{2.27}$$

$$s_1 = \quad\ e_1 \oplus e_2 \oplus e_3 \quad\ \oplus e_5 \tag{2.28}$$

$$s_2 = e_0 \oplus e_1 \quad\ \oplus e_3 \quad\quad \oplus e_6 \tag{2.29}$$

式 (2.27)〜(2.29) は，**検査行列**

$$H = \begin{pmatrix} 1 & 1 & 1 & 0 & 1 & 0 & 0 \\ 0 & 1 & 1 & 1 & 0 & 1 & 0 \\ 1 & 1 & 0 & 1 & 0 & 0 & 1 \end{pmatrix} \tag{2.30}$$

を導入することにより，シンドローム $\boldsymbol{s} = (s_0, s_1, s_2)$ は簡潔に次式で表される。

$$\boldsymbol{s} = \boldsymbol{y}H^T \tag{2.31}$$

ただし H^T は H の**転置行列**であり，式 (2.32) で表される。転置行列とは，もとの行列の各行を各列に置き換えた（i 行を i 列に置き換えた）行列である。

$$H^T = \begin{pmatrix} 1 & 1 & 1 & 0 & 1 & 0 & 0 \\ 0 & 1 & 1 & 1 & 0 & 1 & 0 \\ 1 & 1 & 0 & 1 & 0 & 0 & 1 \end{pmatrix}^T = \begin{pmatrix} 1 & 0 & 1 \\ 1 & 1 & 1 \\ 1 & 1 & 0 \\ 0 & 1 & 1 \\ 1 & 0 & 0 \\ 0 & 1 & 0 \\ 0 & 0 & 1 \end{pmatrix} \tag{2.32}$$

式 (2.27)〜(2.29) あるいは H より，誤りシンドロームは誤りパターンのみによって決まることがわかる。例えば，y_0 が誤った場合には，e_0 のみが 1 でほかはすべて 0 なので，$\boldsymbol{s} = (s_0, s_1, s_2) = (1, 0, 1)$ となる。さらに，すべての単一誤りに対し，誤りシンドロームのパターンはたがいに異なり，しかも全零にならないことがわかる。したがって，誤りシンドロームから単一誤りの位置がわかり，誤り訂正できる。**図 2.10** に誤りシンドロームと誤りパターンの関係を示す。図からわかるように，誤りシンドロームと検査行列の各列を比較し，シンドロームと等しい列の番号が誤り訂正すべきビットの番号となる。

以上より，ハミング符号は以下の手順で復号できる。

誤りシンドローム	s_0	1	1	1	0	1	0	0	0
	s_1	0	1	1	1	0	1	0	0
	s_2	1	1	0	1	0	0	1	0
誤りパターン	e_0	1	0	0	0	0	0	0	0
	e_1	0	1	0	0	0	0	0	0
	e_2	0	0	1	0	0	0	0	0
	e_3	0	0	0	1	0	0	0	0
	e_4	0	0	0	0	1	0	0	0
	e_5	0	0	0	0	0	1	0	0
	e_6	0	0	0	0	0	0	1	0

図 2.10 誤りシンドロームと誤りパターンの関係

24   2. 符 号

(7,4) ハミング符号の復号法

① 受信語 $\boldsymbol{y}=(y_0, y_1, y_2, y_3, y_4, y_5, y_6)$ と検査行列 $H=\begin{pmatrix} 1 & 1 & 1 & 0 & 1 & 0 & 0 \\ 0 & 1 & 1 & 1 & 0 & 1 & 0 \\ 1 & 1 & 0 & 1 & 0 & 0 & 1 \end{pmatrix}$ から

$\boldsymbol{s}=\boldsymbol{y}H^T$ を用いて,誤りシンドローム $\boldsymbol{s}=(s_0, s_1, s_2)$ を求める。

② 誤りシンドロームと検査行列を比較し,一致する列の番号 i から $e_i=1$ となる誤りビットを求め,誤りパターン $\boldsymbol{e}=(e_0, e_1, e_2, e_3, e_4, e_5, e_6)$ を求める。

③ 誤りパターンと受信語の排他的論理和から復号符号語 $\boldsymbol{z}=(z_0, z_1, z_2, z_3, z_4, z_5, z_6)$ を求める。

なお,2個以上の誤りが発生すると,間違った訂正(誤訂正)を行い,誤りビット数が増加することがある。

【例題 2.5】

(7,4) ハミング符号で符号化され,$\boldsymbol{y}=(1, 1, 1, 1, 0, 0, 1)$ が受信されたとき,復号せよ。

解

誤りシンドローム $\boldsymbol{s}$ は

$$\boldsymbol{s}=\boldsymbol{y}H^T=(1\ \ 1\ \ 1\ \ 1\ \ 0\ \ 0\ \ 1)\begin{pmatrix} 1 & 0 & 1 \\ 1 & 1 & 1 \\ 1 & 1 & 0 \\ 0 & 1 & 1 \\ 1 & 0 & 0 \\ 0 & 1 & 0 \\ 0 & 0 & 1 \end{pmatrix}$$

$$=(1\oplus1\oplus1\oplus0\oplus0\oplus0\oplus0\ \ \ 0\oplus1\oplus1\oplus1\oplus0\oplus0\oplus0\ \ \ 1\oplus1\oplus0\oplus1\oplus0\oplus0\oplus1)$$

$$=(1\ \ \ 1\ \ \ 0)$$

となる。ただし,H は検査行列である。

誤りシンドローム $\boldsymbol{s}$ と検査行列 H の各列を比較すると,3列目と一致していることがわかる。したがって,3番目のビットが誤っているので誤りパターン $\boldsymbol{e}$ は次式で表される。

$$\boldsymbol{e}=(0\ \ \ 0\ \ \ 1\ \ \ 0\ \ \ 0\ \ \ 0\ \ \ 0)$$

よって，復号後の符号 z は

$$z = (z_0, z_1, z_2, z_3, z_4, z_5, z_6)$$
$$= y \oplus e$$
$$= (1 \oplus 0, 1 \oplus 0, 1 \oplus 1, 1 \oplus 0, 0 \oplus 0, 0 \oplus 0, 1 \oplus 0)$$
$$= (1, 1, 0, 1, 0, 0, 1)$$

となる。　　　　　　　　　　　　　　　　　　　　　　　　　　　　　　◆

演習問題

【2.1】 BCD 符号の 01111000 と 00011001 の和を求めよ。

【2.2】 QPSK 伝送を仮定する。シンボル誤り率（異なる信号点に誤る確率）を p としたとき，2 進数で信号点を配置したときと，グレイ符号で信号点に配置したときのビット誤り率を求めよ。ただし，隣接していない信号点に誤ってしまう確率は，隣接する信号点に誤ってしまう確率に比べ十分小さいものとする。

【2.3】

（1） 情報ビット列 $(1, 1, 1, 0)$ をハミング符号化せよ。

（2） （1）の符号が送信され，2 ビット目と 3 ビット目が誤って受信されたとき，復号せよ。このとき誤りビットの個数はいくつか。

【2.4】 $(7,4)$ ハミング符号を適用する前のビット誤り率を p としたとき，$(7,4)$ ハミング符号を適用後のビット誤り率 p_h を求めよ。ただし，p は 1 に比べ十分小さく，誤りビットはランダムに発生するものとする。

　本書空欄ならびに【例題 3.5】，【例題 3.6】の解答は，まえがきに記載した本書書籍詳細ページからダウンロードできる。パスワードは「009132」。

3

論 理 関 数

前章までは２進数や複数のビットからなる符号について学んだ。ところで，実際の論理回路では信号処理を行う最小単位は１ビットである。変数および関数値が０か１の２値に限定される関数は論理関数と呼ばれる。論理関数は，真偽について議論する論理学を数学的に体系化したブール代数で扱われる。本章では，論理関数の扱いについて学ぶ。

3.1 ブール代数の基本論理

論理学とはある**事柄**（**命題**）が**正しい**（**真**）か**誤り**（**偽**）かを論じる学問である。例えば，命題「履修登録していない科目の単位は取得できない」は真であるが，「履修登録した科目の単位は必ず取得できる」は偽である。

イギリス人のジョルジュ・ブールは論理学を数学的に体系化した理論を考案した。この理論は**ブール代数**と呼ばれる。ブール代数では，命題を A, B, C などの変数に，命題が成立することを真と呼んで１で表し，成立しないことを偽と呼んで０で表す。変数および関数の取り得る値は０か１の**２値**である。したがって，ブール代数はディジタル回路の設計や解析にも有効であり，現在も広く使われている。

例えば，2/3 より多くの授業に出席し，期末試験で６割以上得点すると合格する科目について考える。「2/3 より多くの授業に出席する」という命題を A，「期末試験で６割以上得点する」という命題を B，「合格する」という命題を F とする。2/3 より多くの授業に出席しても，期末試験で６割以上得点していないときには合格しないので，$A=1$, $B=0$ のとき

$F=$ ①〔　　　　〕である。この例で $F=1$ となるのは，$A=$ ②〔　　　　〕かつ $B=$

③〔　　　　〕のときに限られる。このように A と B の二つの命題がともに ④〔　　　　〕のときにのみ，F が真（１）となるような論理を**論理積**あるいは **AND 論理**と呼ぶ。この論理は以下の数式で表すことができる。

3.1 ブール代数の基本論理　　27

$$F = A \cdot B$$
$$F = AB \tag{3.1}$$

この関係を表形式で表すと**表3.1**のように表すことができる。このように命題を表す A,
B, F などの変数の値の関係をすべて記述した表を**真理値表**と呼ぶ。表3.1中の空欄を埋め
てみよう。

表3.1　AND の真理値表

A	B	$F = A \cdot B$
0	0	
0	1	
1	0	
1	1	

いま，1/3 以上の授業を欠席するか，期末試験を正当な理由なく欠席すると履修放棄とみ
なされる科目について考える。「1/3 以上の授業を欠席する」という命題を A，「期末試験
を正当な理由なく欠席する」という命題を B，「履修放棄とみなされる」という命題を F と
する。1/3 以上の授業を欠席していなくても（2/3 より多くの授業に出席しても），期末試
験を正当な理由なく欠席すれば履修放棄とみなされるので，$A = 0$，$B = 1$ のとき $F =$
⑤ である。

この例で $F = 0$ となるのは，$A =$ ⑥ かつ $B =$ ⑦ のときに限られる。

このように A と B のうちどちらか一方あるいは両方が ⑧ であれば，A と B に
よって決まる命題 F が真（1）となる論理を**論理和**あるいは **OR 論理**と呼ぶ。この論理は
以下の数式で表される。

$$F = A + B \tag{3.2}$$

この論理の真理値表は**表3.2**のようになる。表3.2中の空欄を埋めてみよう。

表3.2　OR の真理値表

A	B	$F = A + B$
0	0	
0	1	
1	0	
1	1	

28   3. 論 理 関 数

A が偽（0）のときに A によって決まる命題 F が真（1）となり，A が真（1）のとき
に F が偽（0）となる論理を**否定**または **NOT 論理**と呼ぶ。この論理は式（3.3）で表される。

$$F = \overline{A} \tag{3.3}$$

真理値表は**表 3.3** のようになる。表 3.3 中の空欄を埋めてみよう。

表 3.3　NOT の真理値表

A	$F = \overline{A}$
0	
1	

ところで，2 個の 2 値変数によってつくられる論理の組合せは全部で，$2^4 = 16$ 種類ある。
したがって，16 種類の演算に対応する論理があり得るが，実際にブール代数で用いられる
基本的な論理は，論理和，論理積，および**排他的論理和**（exclusive-OR：**E-OR**）の三つで
あり，これらに否定を組み合わせた，論理和の否定である **NOR**，論理積の否定である
NAND も用いられる。それらの真理値表を，**表 3.4**，**表 3.5**，**表 3.6** に示す。各表中の空欄
を埋めてみよう。

$$\text{E-OR}：F = A \oplus B \tag{3.4}$$

表 3.4　E-OR の真理値表

A	B	$F = A \oplus B$
0	0	
0	1	
1	0	
1	1	

$$\text{NOR}：F = \overline{A + B} \tag{3.5}$$

表 3.5　NOR の真理値表

A	B	$F = \overline{A + B}$
0	0	
0	1	
1	0	
1	1	

$$\text{NAND}: \begin{cases} F=\overline{A \cdot B} \\ F=\overline{AB} \end{cases} \tag{3.6}$$

表 3.6　NAND の真理値表

A	B	$F=\overline{A \cdot B}$
0	0	
0	1	
1	0	
1	1	

以上のように，NOR は OR の否定であり，NAND は AND の否定である．なお，個別に否定したものの OR や AND とは異なる．すなわち

$$\overline{A+B} \neq \overline{A}+\overline{B} \tag{3.7}$$
$$\overline{A \cdot B} \neq \overline{A} \cdot \overline{B} \tag{3.8}$$

である．詳しくは後述する**ド・モルガンの定理**で扱うことになるが，否定の線が演算記号にかかるか否かでまったく異なる論理になってしまうので，否定の記号の使い方には注意を要する．

ところで，これらの論理式は，集合論で用いられる**ベン図**を利用すると直感的に理解しやすい．例えば，**図 3.1**（a）は A を表す．否定は補集合に相当するので，$\overline{A}$ は図 3.1（b）のように表される．

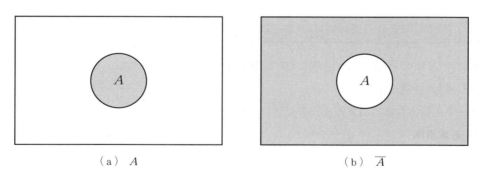

(a)　A　　　　　　　　　　(b)　$\overline{A}$

図 3.1　1 変数の場合のベン図の例

AND 論理は積集合に対応するので，$A \cdot B$ は**図 3.2**（a）のように表される．一方，OR 論理は和集合に対応するので，$A+B$ は図 3.2（b）のように表される．

30　3. 論理関数

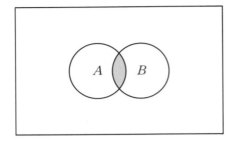
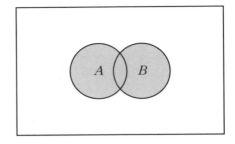

（a）　$A \cdot B$　　　　　　　　　　　　　（b）　$A + B$

図 3.2　2 変数の場合のベン図の例

3.2　ブール代数の演算公式

ブール代数の演算法則は通常の代数とは異なり，以下の特徴がある．

> **ブール代数の演算法則**
> ① 変数および関数の値は 0 と 1 の 2 値のみである．
> ② 演算の優先順位は，NOT → AND → OR の順である．ここで，NOT の線のなかはかっこにくくられているものとして扱い，かっこを用いた場合，通常の代数の演算と同様にかっこ内を優先的に行う．
> ③（通常の代数における四則演算のような減算，除算がなく）移項や通分はできない．

上記の ② において，AND 論理を OR 論理よりも優先して行うのは，和よりも積を優先して行う通常の代数と同じである．

ブール代数における演算の公式を以下に示す．

① 基本演算

前節で示したように，AND, OR, NOT は以下のようになる．

　　[**AND**]

$$0 \cdot 0 = 0 \tag{3.9}$$

$$0 \cdot 1 = 0 \tag{3.10}$$

$$1 \cdot 0 = 0 \tag{3.11}$$

$$1 \cdot 1 = 1 \tag{3.12}$$

［**OR**］

$$0+0=0 \tag{3.13}$$

$$0+1=1 \tag{3.14}$$

$$1+0=1 \tag{3.15}$$

$$1+1=1 \tag{3.16}$$

［**NOT**］

$$\overline{0}=1 \tag{3.17}$$

$$\overline{1}=0 \tag{3.18}$$

② **交換則**

通常の代数と同様に以下の交換則も成り立つ。

$$A+B=B+A \tag{3.19}$$

$$A \cdot B = B \cdot A \tag{3.20}$$

③ **結合則**

通常の代数と同様に以下の結合則も成り立つ。

$$A+B+C=(A+B)+C$$
$$\qquad\qquad = A+(B+C) \tag{3.21}$$

$$A \cdot B \cdot C = (A \cdot B) \cdot C$$
$$\qquad\qquad = A \cdot (B \cdot C) \tag{3.22}$$

④ **分配則**

$$A \cdot (B+C) = A \cdot B + A \cdot C \tag{3.23}$$

$$A+B \cdot C = (A+B) \cdot (A+C) \tag{3.24}$$

式 (3.24) は，通常の代数とは異なるが，後述する**吸収則**を用いて証明することができる。直感的には，ベン図を用いれば【**例題 3.1**】のように証明することができる。

【**例題 3.1**】

ベン図を用いて，式 (3.24) で表される分配則が成り立つことを示せ。

解

式 (3.24) の左辺 $A+B \cdot C$ は**図 3.3**のようになる。

$A+B$ は**図 3.4**，$A+C$ は**図 3.5**のようになる。したがって，式 (3.4) の右辺 $(A+B) \cdot (A+C)$ は**図 3.6**のようになる。

図 3.3 と図 3.6 の領域は等しい。よって，式 (3.24) は成り立つ。

32   3. 論 理 関 数

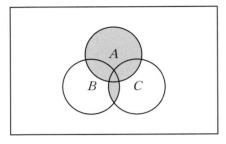

図 3.3　$A + B \cdot C$

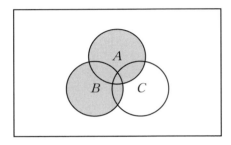

図 3.4　$A + B$

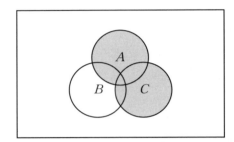

図 3.5　$A + C$

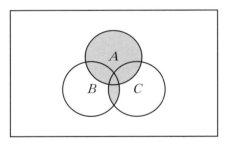

図 3.6　$(A+B) \cdot (A+C)$　◆

【例題 3.2】

式 (3.24) の分配則を用いて，次式が成り立つことを示せ。

$$A + B \cdot C \cdot D = (A+B) \cdot (A+C) \cdot (A+D)$$

解　　$A + B \cdot C \cdot D = (A+B) \cdot (A+C \cdot D) = (A+B) \cdot (A+C) \cdot (A+D)$　◆

⑤ 二重否定

NOT 論理の式 (3.17)，(3.18) より $\overline{\overline{0}} = \overline{1} = 0$，$\overline{\overline{1}} = \overline{0} = 1$ であるから，次式が得られる。

$$\overline{\overline{A}} = A \tag{3.25}$$

⑥ 1 や 0 との **AND, OR**

式 (3.10), (3.12) より次式が得られる。

$$A \cdot 1 = A \tag{3.26}$$

式 (3.9), (3.11) より次式が得られる。

$$A \cdot 0 = 0 \tag{3.27}$$

式 (3.14), (3.16) より次式が得られる。

$$A + 1 = 1 \tag{3.28}$$

式 (3.13), (3.15) より次式が得られる。

$$A + 0 = A \tag{3.29}$$

⑦ べき等則

式 (3.9), (3.12) より $A \cdot A = A$ であるから次式が得られる。

$$A \cdot A \cdots \cdots A = A \tag{3.30}$$

式 (3.13), (3.16) より $A + A = A$ であるから次式が得られる。

$$A + A + \cdots + A = A \tag{3.31}$$

⑧ 相補則

式 (3.10), (3.11) より次式が得られる。

$$A \cdot \overline{A} = 0 \tag{3.32}$$

式 (3.14), (3.15) より次式が得られる。

$$A + \overline{A} = 1 \tag{3.33}$$

⑨ 吸収則

$$A + A \cdot B = A \tag{3.34}$$

$$A \cdot (A + B) = A \tag{3.35}$$

$$(A + B) \cdot (A + \overline{B}) = A \tag{3.36}$$

$$(A + B) \cdot (\overline{A} + C) = \overline{A} \cdot B + A \cdot C \tag{3.37}$$

$$\overline{A} + A \cdot B = \overline{A} + B \tag{3.38}$$

$$A + \overline{A} \cdot B = A + B \tag{3.39}$$

なお, E-OR については, 交換則, 結合則は成り立つが, べき等則は成り立たない。①, ②, ③, ⑥, ⑧に対応する E-OR の基本演算公式は以下のようになる。

$$0 \oplus 0 = 0 \tag{3.40}$$

$$0 \oplus 1 = 1 \tag{3.41}$$

$$1 \oplus 0 = 1 \tag{3.42}$$

$$1 \oplus 1 = 0 \tag{3.43}$$

34   3. 論 理 関 数

$$A \oplus B = B \oplus A \tag{3.44}$$

$$A \oplus B \oplus C = (A \oplus B) \oplus C = A \oplus (B \oplus C) \tag{3.45}$$

$$A \oplus 1 = \overline{A} \tag{3.46}$$

$$A \oplus 0 = A \tag{3.47}$$

$$A \oplus \overline{A} = 1 \tag{3.48}$$

【例題 3.3】

　吸収則（式 (3.34)〜(3.39)）が成り立つことを示せ。

解

・式 (3.34) の証明

$$A + A \cdot B = A \cdot 1 + A \cdot B = A \cdot (1 + B) = A \cdot 1 = A$$

・式 (3.35) の証明

$$A \cdot (A + B) = A \cdot A + A \cdot B = A + A \cdot B = A \cdot 1 + A \cdot B = A \cdot (1 + B) = A \cdot 1 = A$$

・式 (3.36) の証明

$$(A + B) \cdot (A + \overline{B}) = A \cdot A + A \cdot \overline{B} + A \cdot B + B \cdot \overline{B}$$

ここで，$A \cdot A = A$, $B \cdot \overline{B} = 0$ であるから次式のようになる。

$$(A + B) \cdot (A + \overline{B}) = A + A \cdot \overline{B} + A \cdot B = A \cdot 1 + A \cdot \overline{B} + A \cdot B$$

$$= A \cdot (1 + \overline{B} + B) = A$$

・式 (3.37) の証明

$$(A + B) \cdot (\overline{A} + C) = A \cdot \overline{A} + \overline{A} \cdot B + A \cdot C + B \cdot C$$

ここで，$A \cdot \overline{A} = 0$, $B \cdot C = 1 \cdot B \cdot C = (A + \overline{A}) \cdot B \cdot C$ であるから次式のようになる。

$$(A + B) \cdot (\overline{A} + C) = \overline{A} \cdot B + AC + (A + \overline{A}) \cdot B \cdot C$$

$$= \overline{A} \cdot B + \overline{A} \cdot B \cdot C + A \cdot C + A \cdot B \cdot C$$

$$= \overline{A} \cdot B \cdot (1 + C) + A \cdot C \cdot (1 + B)$$

$$= \overline{A} \cdot B + A \cdot C$$

3.2 ブール代数の演算公式   35

・式 (3.38) の証明

$$\overline{A}+A\cdot B=\overline{A}\cdot 1+A\cdot B=\overline{A}\cdot(1+B)+A\cdot B$$
$$=\overline{A}+\overline{A}\cdot B+A\cdot B=\overline{A}+(\overline{A}+A)\cdot B=\overline{A}+B$$

・式 (3.39) の証明

$$A+\overline{A}\cdot B=A\cdot 1+\overline{A}\cdot B=A\cdot(1+B)+\overline{A}\cdot B$$
$$=A+A\cdot B+\overline{A}\cdot B=A+(\overline{A}+A)\cdot B=A+B \qquad \blacklozenge$$

【例題 3.4】

式 (3.24) で表される分配則が成り立つことを示せ。

解

$$(A+B)\cdot(A+C)=AA+AB+AC+BC$$
$$=A+AB+AC+BC$$
$$=A\cdot 1+AB+AC+BC$$
$$=A(1+B+C)+BC=A+BC \qquad \blacklozenge$$

⑩ ド・モルガンの定理

$$\overline{A+B+C+\cdots+N}=\overline{A}\cdot\overline{B}\cdot\overline{C}\cdot\cdots\cdot\overline{N} \qquad (3.49)$$
$$\overline{A\cdot B\cdot C\cdot\cdots\cdot N}=\overline{A}+\overline{B}+\overline{C}+\cdots+\overline{N} \qquad (3.50)$$

【例題 3.5】

2 変数 A, B に関するド・モルガンの定理は次式で与えられる。

$$\overline{A+B}=\overline{A}\cdot\overline{B}$$
$$\overline{A\cdot B}=\overline{A}+\overline{B}$$

解 にある**表 3.7** の真理値表の空欄を埋めて，2 変数 A, B に関するド・モルガンの定理を証明せよ（解答はまえがきを参照）。

36   3. 論 理 関 数

解

表 3.7 2 変数のド・モルガンの定理に関する真理値表

A	B	$\overline{A}$	$\overline{B}$	$A+B$	$\overline{A+B}$	$\overline{A}\cdot\overline{B}$	$A\cdot B$	$\overline{A\cdot B}$	$\overline{A}+\overline{B}$
0	0								
0	1								
1	0								
1	1								

◆

【例題 3.6】
2 変数 A, B に関するド・モルガンの定理は次式で与えられる。
$$\overline{A+B} = \overline{A}\cdot\overline{B}$$
$$\overline{A\cdot B} = \overline{A}+\overline{B}$$
解にある図 3.7〜3.12 の各ベン図について，各論理式に対応する領域を塗りつぶして，これらの式が成り立つことを示せ（解答はまえがきを参照）。

解
$\overline{A+B} = \overline{A}\cdot\overline{B}$ の左辺 $\overline{A+B}$ は，図 3.7 のようになる。

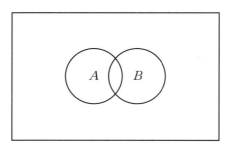

図 3.7 $\overline{A+B}$

$\overline{A}$ は図 3.8，$\overline{B}$ は図 3.9 のようになる。したがって，$\overline{A+B} = \overline{A}\cdot\overline{B}$ の右辺 $\overline{A}\cdot\overline{B}$ は，図 3.10 のようになる。

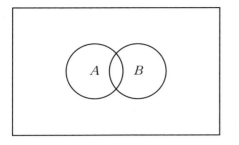

図 3.8　$\overline{A}$

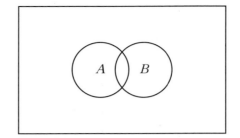

図 3.9　$\overline{B}$

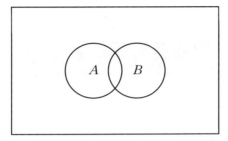

図 3.10　$\overline{A} \cdot \overline{B}$

図 3.7 と図 3.10 の領域は等しい。よって，$\overline{A+B} = \overline{A} \cdot \overline{B}$ は成り立つ。

$\overline{A \cdot B} = \overline{A} + \overline{B}$ の左辺 $\overline{A \cdot B}$ は**図 3.11** のようになる。

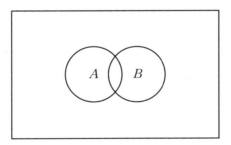

図 3.11　$\overline{A \cdot B}$

$\overline{A}$ は図 3.8，$\overline{B}$ は図 3.9 のようになるので，$\overline{A \cdot B} = \overline{A} + \overline{B}$ の右辺 $\overline{A} + \overline{B}$ は**図 3.12** のようになる。

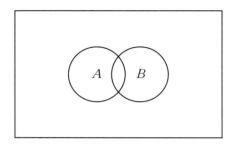

図 3.12　$\overline{A} + \overline{B}$

図 3.11 と図 3.12 の領域は等しい。よって，$\overline{A \cdot B} = \overline{A} + \overline{B}$ は成り立つ。　◆

3.3　双対の原理

ド・モルガンの定理によれば，論理式全体を否定することは，各変数を否定し，OR と AND をたがいに変換することと等価である。いま，N 個の変数 $A_0, A_1, \cdots, A_{N-1}$ および，0 と 1 を含む二つの論理式 F_1, F_2 があり

$$F_1(A_0, A_1, \cdots, A_{N-1}, 0, 1, \cdot, +) = F_2(A_0, A_1, \cdots, A_{N-1}, 0, 1, \cdot, +) \tag{3.51}$$

という関係があるとする。式 (3.51) の両辺を否定すると次式となる。

$$\overline{F_1(A_0, A_1, \cdots, A_{N-1}, 0, 1, \cdot, +)} = \overline{F_2(A_0, A_1, \cdots, A_{N-1}, 0, 1, \cdot, +)} \tag{3.52}$$

式 (3.52) にド・モルガンの定理を適用すれば，$A_i \to \overline{A_i}, 0 \to 1, 1 \to 0, \cdot \to +, + \to \cdot$ の各変換が行われるので，次式が得られる。

$$F_1(\overline{A_0}, \overline{A_1}, \cdots, \overline{A_{N-1}}, 1, 0, +, \cdot) = F_2(\overline{A_0}, \overline{A_1}, \cdots, \overline{A_{N-1}}, 1, 0, +, \cdot) \tag{3.53}$$

ここで，$\overline{A_i}$ を A_i と書き換えると次式のようになる。

$$F_1(A_0, A_1, \cdots, A_{N-1}, 1, 0, +, \cdot) = F_2(A_0, A_1, \cdots, A_{N-1}, 1, 0, +, \cdot) \tag{3.54}$$

したがって，式 (3.51) と式 (3.54) を比較すると，0 を 1 に，1 を 0 に変換し，さらに，OR を AND に，AND を OR に変換していることがわかる。以上より**双対の原理**が得られる。

双対の原理

ある等式が成り立つとき，その等式において，0 を 1 に，1 を 0 に，OR を AND に，AND を OR に変換して得られる等式も成立する。

なお，双対の原理を用いる変換の前後の式において，演算する順序は変更しないように適宜かっこをつけることに注意を要する。

3.4 標　準　形　　39

【例題 3.7】

双対の原理を用いて，つぎの各式と双対な関係にある式を求めよ。

（１）　$A + 1 = 1$

（２）　$A(A + B) = A$

（３）　$A + B \cdot C = (A + B)(A + C)$

解

（１）　$A \cdot 0 = 0$

（２）　$A + A \cdot B = A$

（３）　$A \cdot (B + C) = A \cdot B + A \cdot C$　　　　　　　　◆

【例題 3.7】より 3.2 節で説明した演算公式には，双対な関係にある式が多く含まれていることに気づくであろう。

3.4 標　準　形

一般に，ある論理を表現する論理式は無限に存在する。したがって，任意の二つの論理式が等しいか否かを判定するためには，何らかの標準的な論理式の数式表現が必要になる。本節では，**主加法標準形**と**主乗法標準形**について学ぶ。

3.4.1　主加法標準形

いま

$$F(A, B, C) = A \cdot C + \overline{A} \cdot B \tag{3.55}$$

において，$A = 1$ および $A = 0$ を代入することにより，以下の式が得られる。

$$F(1, B, C) = C \tag{3.56}$$

$$F(0, B, C) = B \tag{3.57}$$

したがって

$$F(A, B, C) = A \cdot F(1, B, C) + \overline{A} \cdot F(0, B, C) \tag{3.58}$$

が成り立つ。一般に，N 個の変数 $A_0, A_1, \cdots, A_{N-1}$ からなる論理式 $F(A_0, A_1, \cdots, A_{N-1})$ について，変数 A_0 に着目すれば次式が成り立つ。

$$F(A_0, A_1, \cdots, A_{N-1}) = A_0 \cdot F(1, A_1, \cdots, A_{N-1}) + \overline{A_0} \cdot F(0, A_1, \cdots, A_{N-1}) \tag{3.59}$$

つぎに，A_1 に着目すれば，次式が成り立つ。

40　　3. 論　理　関　数

$$F(1, A_1, \cdots, A_{N-1}) = A_1 \cdot F(1, 1, \cdots, A_{N-1}) + \overline{A_1} \cdot F(1, 0, \cdots, A_{N-1}) \tag{3.60}$$

$$F(0, A_1, \cdots, A_{N-1}) = A_1 \cdot F(0, 1, \cdots, A_{N-1}) + \overline{A_1} \cdot F(0, 0, \cdots, A_{N-1}) \tag{3.61}$$

したがって，次式が得られる。

$$\begin{aligned}
F(A_0, A_1, \cdots, A_{N-1}) = {}&A_0 \cdot A_1 \cdot F(1, 1, \cdots, A_{N-1}) + A_0 \cdot \overline{A_1} \cdot F(1, 0, \cdots, A_{N-1}) \\
&+ \overline{A_0} \cdot A_1 \cdot F(0, 1, \cdots, A_{N-1}) + \overline{A_0} \cdot \overline{A_1} \cdot F(0, 0, \cdots, A_{N-1})
\end{aligned}$$
$$\tag{3.62}$$

同様な手順で $A_2, A_3, \cdots, A_{N-1}$ について展開すれば次式が得られる。

$$\begin{aligned}
F(A_0, A_1, \cdots, A_{N-1}) = {}&\overline{A_0} \cdot \overline{A_1} \cdot \cdots \cdot \overline{A_{N-1}} \cdot F(0, 0, \cdots, 0) \\
&+ A_0 \cdot \overline{A_1} \cdot \cdots \cdot \overline{A_{N-1}} \cdot F(1, 0, \cdots, 0) \\
&+ \overline{A_0} \cdot A_1 \cdot \cdots \cdot \overline{A_{N-1}} \cdot F(0, 1, \cdots, 0) + \cdots \\
&+ A_0 \cdot A_1 \cdot \overline{A_2} \cdot \cdots \cdot \overline{A_{N-1}} \cdot F(1, 1, 0, \cdots, 0) \\
&+ A_0 \cdot \overline{A_1} \cdot A_2 \cdot \cdots \cdot \overline{A_{N-1}} \cdot F(1, 0, 1, \cdots, 0) + \cdots \\
&+ \cdots + A_0 \cdot A_1 \cdot \cdots \cdot A_{N-1} \cdot F(1, 1, \cdots, 1)
\end{aligned} \tag{3.63}$$

　式 (3.63) の右辺の各積項のうち，$F(\cdots) = 0$ となる項は省略でき，$F(\cdots) = 1$ となる項のみが残る。残った各積項はすべての変数を含んでいる。このような項を**最小項**という。このように最小項の和の形式による論理式の表現を主加法標準形（単に**加法標準形**，あるいは**積和標準形**）と呼ぶ。また，主加法標準形に展開することを**主加法標準展開**と呼ぶ。

3.4.2　主乗法標準形

　式 (3.55) について，式 (3.56) と式 (3.57) を用いると，次式が得られる。

$$\begin{aligned}
\{A + F(0, B, C)\}\{\overline{A} + F(1, B, C)\} &= (A + B)(\overline{A} + C) \\
&= A\overline{A} + AC + \overline{A}B + BC = AC + \overline{A}B + (A + \overline{A})BC \\
&= AC(1 + B) + \overline{A}B(1 + C) = AC + \overline{A}B = F(A, B, C)
\end{aligned}$$
$$\tag{3.64}$$

　主加法標準形を導出したときと同様に，一般に，N 個の変数 $A_0, A_1, \cdots, A_{N-1}$ からなる論理式 $F(A_0, A_1, \cdots, A_{N-1})$ について，変数 A_0 に着目すれば次式が成り立つ。

$$F(A_0, A_1, \cdots, A_{N-1}) = \{A_0 + F(0, A_1, \cdots, A_{N-1})\}\{\overline{A_0} + F(1, A_1, \cdots, A_{N-1})\} \tag{3.65}$$

つぎに，A_1 に着目すれば，次式が成り立つ。

$$F(1, A_1, \cdots, A_{N-1}) = \{A_1 + F(1, 0, \cdots, A_{N-1})\}\{\overline{A_1} + F(1, 1, \cdots, A_{N-1})\} \tag{3.66}$$

$$F(0, A_1, \cdots, A_{N-1}) = \{A_1 + F(0, 0, \cdots, A_{N-1})\}\{\overline{A_1} + F(0, 1, \cdots, A_{N-1})\} \tag{3.67}$$

式 (3.66)，(3.67) を式 (3.65) に代入すると次式が得られる。

$$F(A_0, A_1, \cdots, A_{N-1}) = \{A_0 + (A_1 + F(0, 0, \cdots, A_{N-1}))(\overline{A_1} + F(0, 1, \cdots, A_{N-1}))\}$$
$$\cdot \{\overline{A_0} + (A_1 + F(1, 0, \cdots, A_{N-1}))(\overline{A_1} + F(1, 1, \cdots, A_{N-1}))\}$$

$$(3.68)$$

ここで分配則である式 (3.24) を適用すると次式が得られる。

$$F(A_0, A_1, \cdots, A_{N-1}) = \{A_0 + A_1 + F(0, 0, \cdots, A_{N-1})\}\{A_0 + \overline{A_1} + F(0, 1, \cdots, A_{N-1})\}$$
$$\cdot \{\overline{A_0} + A_1 + F(1, 0, \cdots, A_{N-1})\}\{\overline{A_0} + \overline{A_1} + F(1, 1, \cdots, A_{N-1})\}$$

$$(3.69)$$

同様な手順で $A_2, A_3, \cdots, A_{N-1}$ について展開すれば次式が得られる。

$$F(A_0, A_1, \cdots, A_{N-1}) = \{\overline{A_0} + \overline{A_1} + \cdots + \overline{A_{N-1}} + F(1, 1, \cdots, 1)\}$$
$$\cdot \{A_0 + \overline{A_1} + \cdots + \overline{A_{N-1}} + F(0, 1, \cdots, 1)\}$$
$$\cdot \{\overline{A_0} + A_1 + \cdots + \overline{A_{N-1}} + F(1, 0, \cdots, 1)\} \cdots$$
$$\cdot \{A_0 + A_1 + \overline{A_2} + \cdots + \overline{A_{N-1}} + F(0, 0, 1, \cdots, 1)\}$$
$$\cdot \{A_0 + \overline{A_1} + A_2 + \cdots + \overline{A_{N-1}} + F(0, 1, 0, \cdots, 1)\} \cdots$$
$$\cdot \{A_0 + A_1 + \cdots + A_{N-1} + F(0, 0, \cdots, 0)\}$$

$$(3.70)$$

式 (3.70) の右辺の各和項のうち，$F(\cdots) = 1$ となる項は省略でき，$F(\cdots) = 0$ となる項のみが残る。残った各和項はすべての変数を含んでいる。このような項を**最大項**という。このように最大項の積の形式による論理式の表現を主乗法標準形（単に**乗法標準形**，あるいは**和積標準形**）と呼び，主乗法標準形に展開することを**主乗法標準展開**と呼ぶ。なお，主加法標準形と主乗法標準形は双対な関係にある。

一般に，ある論理を表現する論理式は無数に存在するが，それらのうち，主加法標準形あるいは主乗法標準形の論理式は 1 通りしか存在しない。したがって，二つの論理式が等しい論理を表現しているか否かを判定するためには，それらの論理式の主加法標準形あるいは主乗法標準形を求めて比較すればよい。

3.4.3 標準形を求める方法

与えられた論理式の標準形を求めるには，式 (3.63)，(3.70) をそのまま用いてもよいが，つぎのような方法によって比較的容易に求めることができる。

主加法標準形を求める方法

① 分配則 $A \cdot (B + C) = A \cdot B + A \cdot C$ を適宜利用して，与えられた論理式を積項の和形式（**積和形**）にする。

42　　3. 論 理 関 数

② 各積項について欠けている変数 A がある場合には，その積項と $A+\overline{A}$ との AND をつくり，分配則により展開する。

③ その結果，同一の積項が複数個生じた場合には，べき等則により，1 個にまとめる。

主乗法標準形を求める方法

① 分配則 $A+B\cdot C=(A+B)\cdot(A+C)$ を適宜利用して，与えられた論理式を和項の積形式（**和積形**）にする。

② 各和項について欠けている変数 A がある場合には，その和項と $A\cdot\overline{A}$ との OR をつくり，分配則により展開する。

③ その結果，同一の和項が複数個生じた場合には，べき等則により，1 個にまとめる。

ところで，上記の方法では式 (3.24) で表される B と C の積と A の和を和項の積形式（和積形）に展開する分配則を用いて，2 項の積との和を和積形に変換しているが，この分配則は 3 項以上の積と和を和積形に変換する場合に容易に拡張できる。n 項の積との和を和積形に変換する分配則は次式のようになる。

$$A+B_0\cdot B_1\cdot\cdots\cdot B_{n-1}=(A+B_0)\cdot(A+B_1\cdot B_2\cdot\cdots\cdot B_{n-1})$$
$$=(A+B_0)\cdot(A+B_1)\cdot(A+B_2)\cdot\cdots\cdot(A+B_{n-1}) \tag{3.71}$$

【例題 3.8】

つぎの論理式の主加法標準形および主乗法標準形を求めよ。

$$F(A,B,C)=A\cdot(\overline{B}+C)+\overline{A}\cdot B\cdot C$$

解

［主加法標準形］

① 分配則 ① ［　　　　　　　　　　　　　　　　　　］ を利用して与えられた論理式を積の和形式にする。

$$F(A,B,C)=A\cdot(\overline{B}+C)+\overline{A}\cdot B\cdot C$$
$$=A\cdot\overline{B}+A\cdot C+\overline{A}\cdot B\cdot C$$

3.4 標　準　形　43

② 第1項は C，第2項は B が欠けているので，第1項には〔②　　　　〕，第2項には
〔③　　　　〕とのANDをつくり，分配則を用いて展開する。

$$F(A, B, C) = A \cdot \overline{B} \cdot (\overline{C} + C) + A \cdot (\overline{B} + B) \cdot C + \overline{A} \cdot B \cdot C$$

$$= A \cdot \overline{B} \cdot \overline{C} + A \cdot \overline{B} \cdot C + A \cdot \overline{B} \cdot C + A \cdot B \cdot C + \overline{A} \cdot B \cdot C$$

③ $A \cdot \overline{B} \cdot C$ は2個あるので，べき等則により，1個にまとめる。

$$F(A, B, C) = A \cdot \overline{B} \cdot \overline{C} + A \cdot \overline{B} \cdot C + A \cdot B \cdot C + \overline{A} \cdot B \cdot C$$

［主乗法標準形］

① 分配則〔④　　　　　　　　　　　　　〕を利用して，与えられた論理式を和の積形式
にする。

$$F(A, B, C) = A \cdot (\overline{B} + C) + \overline{A} \cdot B \cdot C$$

$$= (A + \overline{A} \cdot B \cdot C)(\overline{B} + C + \overline{A} \cdot B \cdot C)$$

$$= (A + \overline{A})(A + B)(A + C)(\overline{B} + C + \overline{A})(\overline{B} + C + B)(\overline{B} + C + C)$$

ここで，$A + \overline{A} = B + \overline{B} = 1$，$C + C = C$ であることに注意して整理する。

$$F(A, B, C) = (A + B)(A + C)(\overline{A} + \overline{B} + C)(\overline{B} + C)$$

② 第1項は C，第2項は B，第4項は A が欠けているので，それぞれ〔⑤　　　　〕，
〔⑥　　　　〕，〔⑦　　　　〕とのORをつくり，分配則により展開する。

$$F(A, B, C) = (A + B + C\overline{C})(A + B\overline{B} + C)(\overline{A} + \overline{B} + C)(A\overline{A} + \overline{B} + C)$$

$$= (A + B + C)(A + B + \overline{C})(A + B + C)(A + \overline{B} + C)(\overline{A} + \overline{B} + C)(A + \overline{B} + C)(\overline{A} + \overline{B} + C)$$

③ $(A + B + C)$，$(A + \overline{B} + C)$，$(\overline{A} + \overline{B} + C)$ は2個あるので，べき等則により，1個にま
とめる。

$$F(A, B, C) = (A + B + C)(A + B + \overline{C})(A + \overline{B} + C)(\overline{A} + \overline{B} + C)$$

44   3. 論 理 関 数

演習問題

【3.1】 2変数 A, B に関するド・モルガンの定理は次式で与えられる。
$$\overline{A+B} = \overline{A} \cdot \overline{B}$$
$$\overline{A \cdot B} = \overline{A} + \overline{B}$$

これらの式を利用して次式で表される3変数 A, B, C に関するド・モルガンの定理が成り立つことを示せ。
$$\overline{A+B+C} = \overline{A} \cdot \overline{B} \cdot \overline{C}$$
$$\overline{A \cdot B \cdot C} = \overline{A} + \overline{B} + \overline{C}$$

【3.2】 双対の原理を用いて，つぎの各式と双対な関係にある式を求めよ。

（1） $A \cdot (B + C + D) = A \cdot B + A \cdot C + A \cdot D$

（2） $A + A \cdot B + A \cdot C = A$

【3.3】 以下の論理式について主加法標準形と主乗法標準形を求めよ。

（1） $F(A, B, C) = B + \overline{A}C$

（2） $F(A, B, C) = A \cdot B + (\overline{A} + C)(\overline{B} + C)$

（3） $F(A, B) = A \oplus B$

（4） $F(A, B, C) = A \oplus B \oplus C$

4

論理回路の設計

前章では論理関数について学んだ。実際に論理回路を実現するためには，実現したい論理から，その論理を表す論理式を導き，その論理式を実現する回路図を作成しなければならない。本章では，まず前章で学んだ論理演算を回路図上で表記するための論理回路記号について学び，例題を通して論理式から論理回路を描く方法について学ぶ。つぎに，実現したい論理から，その論理を表す論理式を求める方法を学ぶ。ところで，実用的な論理回路を実現するためには，できるだけ簡単な論理式に変換してから論理回路図を描くほうがより効率的な論理回路図を描くことができる。そこで，論理式を簡単化する方法についても学ぶ。

4.1 論理回路記号

論理回路を論理回路図で表現する際には，論理演算が記号によって表される。**図 4.1**（a），（b），（c）に AND，OR，E-OR の論理回路記号を示す。

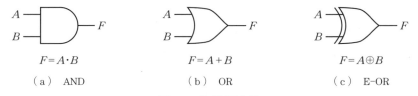

図 4.1 論理回路記号

図 4.1 では，入力信号が二つの場合について示したが，入力信号数を 3 以上にすることもできる。例えば，$F = A \cdot B \cdot C$ は**図 4.2**のように表される。

電子回路として動作させるために，波形を整形したり，増幅したりする回路として**バッファ**がある。**図 4.3**にバッファの論理回路記号を示す。ディジタル信号としてみれば，入

図 4.2　$F = A \cdot B \cdot C$

46　　4. 論 理 回 路 の 設 計

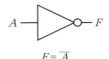

図 4.3　バッファの論理回路記号

力信号と出力信号は同じである。

　NOT は○で表されるが，○だけで独立して用いられることはない。したがって，NOT 論理を表す記号は，バッファとともに図 4.4 で表される。

図 4.4　NOT の論理回路記号

　AND や OR と NOT をそれぞれ組み合わせることにより，NAND，NOR はそれぞれ図 4.5 （a），（b）のように表される。

図 4.5　論理回路記号

　なお，NOT を表す記号○は，**出力端子**にのみに用いられるのではなく，**入力端子**にも用いられる。例えば，$F=\overline{A}\cdot B$ という論理は図 4.6 で表される。

図 4.6　$F=\overline{A}\cdot B$ の論理回路記号

　以下の例題を通して，論理式から論理回路図を描くことを学ぼう。

【例題 4.1】
　入力変数 A, B, C, D, E によって 2 個の論理出力 F_1, F_2 が次式のように決まる論理回路図を描け。

$$F_1 = (A+B+C)\cdot(D+E)$$
$$F_2 = \overline{A\cdot B\cdot C} + D\cdot E$$

解
図 4.7 のようになる。

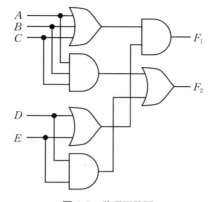

図 4.7　論理回路図

【例題 4.2】

図 4.8 の論理回路図に相当する論理式を示せ。

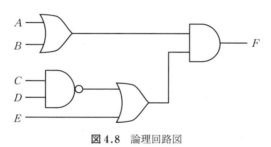

図 4.8　論理回路図

解

$$F = (A + B) \cdot (\overline{C \cdot D} + E)$$

4.2　論理式の合成

　前節では，論理式から論理回路図を描くことを学んだ。ところで，与えられた論理を実現するには，その論理を論理式で表す必要がある。論理式を得るには，与えられた論理を整理する必要があり，真理値表を作成することによって抜け目なく整理することができる。真理値表を作成するには，与えられた論理の入力と出力を明らかにして適当な変数で表し，あらゆる**入力変数**の値の組合せに対するすべての**出力変数**の値を明らかにする。

　つぎに，真理値表から論理式を導く方法について考える。例として，**表 4.1** で表される三つの変数 A, B, C で表される論理 F について考える。F が 1 となるのは，$(A, B, C) = (1,$

48 4. 論 理 回 路 の 設 計

表 4.1 真理値表の例

A	B	C	F	F_1	F_2
0	0	0	0	0	0
0	0	1	0	0	0
0	1	0	0	0	0
0	1	1	0	0	0
1	0	0	0	0	0
1	0	1	0	0	0
1	1	0	1	0	1
1	1	1	1	1	0

$1, 1)$ のときと $(A, B, C) = (1, 1, 0)$ のときの二つの場合である。そこで，$(A, B, C) = (1, 1,$ $1)$ のときにのみ1となる論理 F_1 と，$(A, B, C) = (1, 1, 0)$ のときにのみ1となる論理 F_2 を考えると，F が1となるのは，F_1 が1のときか F_2 が1のときであるから次式が成り立つ。

$$F = F_1 + F_2 \tag{4.1}$$

ところで，F_1 が1となるのは，$(A, B, C) = (1, 1, 1)$ のとき，すなわち $A = \boxed{①}$ かつ $B = \boxed{②}$ かつ $C = \boxed{③}$ のときのみであるから，F_1 の論理は以下の式で表される。

$$F_1 = A \cdot B \cdot C \tag{4.2}$$

一方，F_2 が1となるのは，$(A, B, C) = (1, 1, 0)$ のとき，すなわち $A = \boxed{④}$ かつ $B = \boxed{⑤}$ かつ $C = \boxed{⑥}$ （すなわち $\overline{C} = \boxed{⑦}$） のときのみであるから，F_2 の論理は次式で表される。

$$F_2 = A \cdot B \cdot \overline{C} \tag{4.3}$$

式 (4.1) に式 (4.2)，(4.3) を代入することにより，表 4.1 の真理値表から論理 F を表す式として次式が得られる。

$$F = A \cdot B \cdot C + A \cdot B \cdot \overline{C} \tag{4.4}$$

式 (4.4) のようにして得られる論理式はすべての変数を含む積項（**最小項**）の和の形であり，**主加法標準形**になっている。以上より真理値表からその主加法標準形の論理式を求める方法は以下のようになる。

真理値表から主加法標準形の論理式を求める方法

① 真理値表の出力変数が，"1" となっているすべての場合について，入力変数の AND をつくり，各入力変数の値の組合せにおいて値が "0" となっている入力

変数には NOT 記号をつける。

② ① で得られた AND 論理のすべてを OR で結合し，出力変数と等号で結ぶ。

なお，この手法は式 (3.63) に基づいて論理式を求めていることになる。

上記の手法では，真理値表における出力変数が 1 となる個数が多くなると，組合せの論理の数も増える。また，得られる論理式の積項の数も増え，結果的に回路も複雑になってしまう。そこで，真理値表における出力変数が 1 となる組合せの個数が多い場合，すなわち真理値表における出力変数が 0 となる組合せの論理の個数が少ない場合についても考える。例として，**表 4.2** で表される三つの変数 A, B, C で表される論理 F について考える。F が 0 となるのは，$(A, B, C) = (0, 0, 0)$ のときと，$(A, B, C) = (0, 0, 1)$ のときの二つの場合である。そこで，$(A, B, C) = (0, 0, 0)$ のときにのみ 0 となる論理 F_1 と，$(A, B, C) = (0, 0, 1)$ のときにのみ 0 となる論理 F_2 を考えると，F が 1 となるのは，F_1 が 1 かつ F_2 が 1 のときであるから，次式が成り立つ。

表 4.2 真理値表の例

A	B	C	F	F_1	F_2
0	0	0	0	0	1
0	0	1	0	1	0
0	1	0	1	1	1
0	1	1	1	1	1
1	0	0	1	1	1
1	0	1	1	1	1
1	1	0	1	1	1
1	1	1	1	1	1

$$F = F_1 \cdot F_2 \tag{4.5}$$

ところで，F_1 が 0 となるのは，$(A, B, C) = (0, 0, 0)$ のときである。すなわち，A, B, C のうち少なくともどれか一つ以上が ⑧ □□□□ のときには F_1 は 1 となるのであるから

$$F_1 = A + B + C \tag{4.6}$$

となる。一方，F_2 が 0 となるのは，$(A, B, C) = (0, 0, 1)$ のときである。すなわち，$A, B, \overline{C}$ のうち少なくともどれか一つ以上が ⑨ □□□□ のときには F_2 は 1 となるのであるから

$$F_2 = A + B + \overline{C} \tag{4.7}$$

となる。式 (4.5) に式 (4.6)，(4.7) を代入することにより，表 4.2 の真理値表から論理 F を表す式として次式が得られる。

$$F = (A + B + C)(A + B + \overline{C}) \tag{4.8}$$

50　　4.　論　理　回　路　の　設　計

式 (4.8) のようにして得られる論理式は，すべての変数を含む和項（**最大項**）の積の形をしており，**主乗法標準形**になっている。以上より真理値表からその主乗法標準形の論理式を求める方法は以下のようになる。

真理値表から主乗法標準形の論理式を求める方法

① 真理値表の出力変数が，"0" となっているすべての場合について，入力変数の OR をつくり，各入力変数の値の組合せにおいて値が "1" となっている入力変数には NOT 記号をつける。

② ① で得られた OR 論理のすべてを AND で結合し，出力変数と等号で結ぶ。

なお，この手法は式 (3.70) に基づいて論理式を求めていることになる。

ここまでで，真理値表から主加法標準形および主乗法標準形の論理式を求める方法を説明した。真理値表の出力変数が 1 となる入力変数の組合せから主加法標準形の論理式が得られ，出力変数が 0 となる入力変数の組合せから主乗法標準形の論理式が得られる。入力変数の個数が n のとき，入力変数の組合せの総数は 2^n であることから，同じ論理式に対する主加法標準形の積項の数と主乗法標準形の和項の数の和は 2^n となることがわかる。

表 4.1 において，主加法標準形の積の項に現れない入力変数の組合せは，$A \cdot \overline{B} \cdot C$，$A \cdot \overline{B} \cdot \overline{C}$，$\overline{A} \cdot B \cdot C$，$\overline{A} \cdot B \cdot \overline{C}$，$\overline{A} \cdot \overline{B} \cdot C$，$\overline{A} \cdot \overline{B} \cdot \overline{C}$ の六つである。これは，出力変数が 0 となる入力変数の組合せであり，$(A, B, C) = (1, 0, 1)$，$(1, 0, 0)$，$(0, 1, 1)$，$(0, 1, 0)$，$(0, 0, 1)$，$(0, 0, 0)$ に相当する。この入力変数の組合せから主乗法標準形の論理式として次式が得られる。

$$F = (\overline{A} + B + \overline{C})(\overline{A} + B + C)(A + \overline{B} + \overline{C})(A + \overline{B} + C)(A + B + \overline{C})(A + B + C) \quad (4.9)$$

したがって，主加法標準形の論理式から主乗法標準形の論理式に変換するには以下のように行えばよい。

主加法標準形から主乗法標準形への変換法

① 主加法標準形の論理式において，積項に現れていない入力変数の組合せを求める。

② ① で得られた各入力変数の組合せに対して，各入力変数を否定して OR で結合し和項にする。

③ ② で得られた和項をすべて AND で結合し，出力変数と等号で結ぶと主乗法標準形の式が得られる。

4.2 論理式の合成　51

　同様に，主乗法標準形の論理式から主加法標準形の論理式に変換するには以下のように行えばよい。

主乗法標準形から主加法標準形への変換法

① 主乗法標準形の論理式において，和項に現れていない入力変数の組合せを求める。

② ① で得られた各入力変数の組合せに対して，各入力変数を否定して AND で結合し積項にする。

③ ② で得られた積項をすべて OR で結合し，出力変数と等号で結ぶと主加法標準形の式が得られる。

【例題 4.3】

　表 4.3 の真理値表に相当する主加法標準形の論理式を求め，その論理式に相当する論理回路図を描け。

表 4.3　真理値表

A	B	C	F
0	0	0	0
0	0	1	0
0	1	0	0
0	1	1	1
1	0	0	1
1	0	1	0
1	1	0	0
1	1	1	0

解

　$F=1$ となるのは，$(A, B, C) = (0, 1, 1)$ のときと，$(A, B, C) = (1, 0, 0)$ のときであるから

$$F = \overline{A} \cdot B \cdot C + A \cdot \overline{B} \cdot \overline{C}$$

となる。したがって，求める論理回路図は**図 4.9** のようになる。

52　4. 論 理 回 路 の 設 計

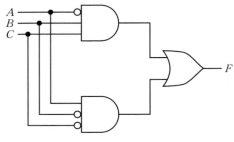

図 4.9　論理回路図

【例題 4.4】
　表 4.4 の真理値表に相当する主乗法標準形の論理式を求め，その論理式に相当する論理回路図を描け。

表 4.4　真理値表

A	B	C	F
0	0	0	0
0	0	1	1
0	1	0	1
0	1	1	1
1	0	0	1
1	0	1	1
1	1	0	1
1	1	1	0

解　$F=0$ となるのは，$(A,B,C)=(0,0,0)$ のときと，$(A,B,C)=(1,1,1)$ のときであるから
$$F=(A+B+C)(\overline{A}+\overline{B}+\overline{C})$$
となる。したがって，求める論理回路図は**図 4.10** のようになる。

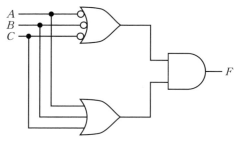

図 4.10　論理回路図

【例題 4.5】

表 4.5 の真理値表に相当する主加法標準形の論理式を求め，その論理式に相当する論理回路図を描け。さらに，得られた主加法標準形の論理式を簡単化し，簡単化された論理式に相当する論理回路図も描け。

表 4.5 真理値表

A	B	C	F
0	0	0	1
0	0	1	1
0	1	0	1
0	1	1	0
1	0	0	1
1	0	1	0
1	1	0	0
1	1	1	0

解

$F=0$ となるのは，$(A, B, C) = (0, 0, 0)$，$(0, 0, 1)$，$(0, 1, 0)$，$(1, 0, 0)$ のときであるから

$$F = \overline{A} \cdot \overline{B} \cdot \overline{C} + \overline{A} \cdot \overline{B} \cdot C + \overline{A} \cdot B \cdot \overline{C} + A \cdot \overline{B} \cdot \overline{C}$$

となる。したがって，主加法標準形の式から得られる論理回路図は**図 4.11** のようになる。

つぎに F を簡単化する。

$$F = \overline{A} \cdot \overline{B} \cdot \overline{C} + \overline{A} \cdot \overline{B} \cdot C + \overline{A} \cdot B \cdot \overline{C} + A \cdot \overline{B} \cdot \overline{C}$$

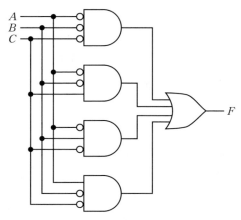

図 4.11 主加法標準形の式から得られる論理回路図

において，べき等則を用いて，$\overline{A}\cdot\overline{B}\cdot\overline{C}=\overline{A}\cdot\overline{B}\cdot\overline{C}+\overline{A}\cdot\overline{B}\cdot\overline{C}+\overline{A}\cdot\overline{B}\cdot\overline{C}$ を代入すると

$$F=\overline{A}\cdot\overline{B}\cdot C+\overline{A}\cdot\overline{B}\cdot\overline{C}+\overline{A}\cdot B\cdot\overline{C}+\overline{A}\cdot\overline{B}\cdot\overline{C}+A\cdot\overline{B}\cdot\overline{C}+\overline{A}\cdot\overline{B}\cdot\overline{C}$$
$$=\overline{A}\cdot\overline{B}\cdot(C+\overline{C})+\overline{A}\cdot(B+\overline{B})\cdot\overline{C}+(A+\overline{A})\cdot\overline{B}\cdot\overline{C}$$
$$=\overline{A}\cdot\overline{B}+\overline{A}\cdot\overline{C}+\overline{B}\cdot\overline{C}$$

となる．この式を用いて論理回路図を描くと**図4.12**のようになる．

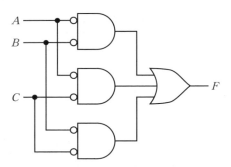

図4.12 簡単化された論理式から得られる論理回路図

◆

4.3　論理式の簡単化

　前節の【**例題4.5**】をみても明らかなように，主加法標準形や主乗法標準形の論理式に従って回路を構成するよりも，変数や項の数を減らして簡単化された論理式に従って回路を構成するほうが，素子数や結線数が減り構成が簡単になる．回路構成が簡単になれば，信号処理も高速化できる．

　論理式の簡単化はブール代数の公式を利用して行うことができるが，これでは勘や経験に頼ってしまうことになる．そこで，本節では，加法形の論理式を機械的に簡単化する方法として**カルノー図**を用いる方法と，**クワイン・マクラスキの方法**を学ぶ．さらに，これらの方法を利用して，乗法形の論理式の簡単化を行う方法についても学ぶ．

4.3.1　カルノー図を用いる方法

　カルノー図とは真理値表を2次元の平面図で表したものである．**図4.13**（a），（b），（c），（d）にそれぞれ，AB，$A+B$，ABC，$A+B+C+D$ のカルノー図を示す．ここで，隣接するマス目間では符号間距離が1となるようにグレイ符号を用いていることに注意を要する．図（a）をみてもわかるように，変数をすべて含む項は一つのマス目に対応する．一方，図（b）より，A は $(A, B) = (1, 0)$ のマス目と $(A, B) = (1, 1)$ という隣接する二つの

4.3 論理式の簡単化

(a) AB

A＼B	0	1
0		
1		1

(b) A＋B

A＼B	0	1
0		1
1	1	1

(c) ABC

AB＼C	0	1
00		
01		
11		1
10		

（グレイ符号）

(d) A＋B＋C＋D

AB＼CD	00	01	11	10
00		1	1	1
01	1	1	1	1
11	1	1	1	1
10	1	1	1	1

（グレイ符号）

図 4.13 カルノー図の例

マス目に対応している。すなわち，変数の一部を欠いている項は隣接する複数のマス目に対応する。

【例題 4.6】

次式によって表される論理をカルノー図によって示せ。

（1） $F = A \cdot B \cdot C \cdot D + \overline{A} \cdot B \cdot \overline{C} \cdot D + \overline{A} \cdot B \cdot C \cdot D + \overline{A} \cdot \overline{B} \cdot C \cdot D$

（2） $F = \overline{A} \cdot \overline{B} + A \cdot B \cdot C + \overline{C}$

解

（1） 図 4.14 のようになる。

（2） 図 4.15 のようになる。

56   4. 論理回路の設計

CD＼AB	00	01	11	10
00			1	
01		1	1	
11			1	
10				

図 4.14　カルノー図

C＼AB	0	1
00	1	1
01	1	
11	1	1
10	1	

図 4.15　カルノー図　　　　　　　　　　　　◆

　【**例題 4.6**】の（2）において，変数の値に対応する符号（A, B, C）でマス目を表すと，$A \cdot B \cdot C$ は一つのマス目（1, 1, 1）に対応しているが，$\overline{A} \cdot \overline{B}$ という項は，隣接している二つのマス目（0, 0, 0）と（0, 0, 1）に対応している。このことは次式のように表すことができる。

$$\overline{A} \cdot \overline{B} = \overline{A} \cdot \overline{B}(\overline{C} + C) = \overline{A} \cdot \overline{B} \cdot \overline{C} + \overline{A} \cdot \overline{B} \cdot C \tag{4.10}$$

以上より，カルノー図において隣接したマス目があれば，隣接したマス目をまとめた式で表現することにより，論理式の簡単化ができることがわかる。以下にカルノー図を用いる**加法形**（あるいは**積和形**）の**論理式**の簡単化の方法を示す。

カルノー図を用いる加法形の論理式の簡単化の方法

① 論理式または真理値表からカルノー図を描く。

② カルノー図の "1" と記入されているマス目で隣接しているものをグループ化する。その際，一つのグループに入るマス目の数は，縦も横も 2^n（n は負でな

4.3 論理式の簡単化　57

い整数）個で，できるだけ多くなるようにする。また，上端と下端，左端と右端のマス目どうしも隣接していることに注意する。

③ 各グループ内で，値が 0 と 1 の両方をとる変数は除外し，つねに 0 となる変数は否定，つねに 1 となる変数はそのままの形で取り出し，それらの AND をつくる。

④ ③で得られた AND の項をすべて OR で結び，出力変数と等号で結ぶと，簡単化された加法形の論理式が得られる。

例として，つぎの論理式をカルノー図を用いて簡単化することを考える。

$$F = \overline{A} \cdot B \cdot \overline{C} \cdot \overline{D} + \overline{A} \cdot B \cdot \overline{C} \cdot D + \overline{A} \cdot \overline{B} \cdot C \cdot D + \overline{A} \cdot \overline{B} \cdot C \cdot \overline{D}$$

$$+ A \cdot B \cdot \overline{C} \cdot \overline{D} + A \cdot B \cdot \overline{C} \cdot D + A \cdot \overline{B} \cdot C \cdot D + A \cdot \overline{B} \cdot C \cdot \overline{D} \quad (4.11)$$

式 (4.11) のカルノー図は**図 4.16** のようになる。

CD〱AB	00	01	11	10
00			1	1
01	1	1		
11	1	1		
10			1	1

図 4.16　式 (4.11) のカルノー図

図 4.16 において実線で囲まれた領域をグループ化する。このグループでは B は $B=1$，C は $C=0$，A と D はどちらでもよいので，このグループは〔①　　　　〕と表される。つぎに破線の領域と，1 点鎖線とは上下端で接しているので，両方の領域を合わせてグループ化できる。このグループでは B は $B=0$，C は $C=1$，A と D はどちらでもよいので，このグループは〔②　　　　〕と表される。以上より，式 (4.11) は次式の加法形に簡単化できる。

$$F = B\overline{C} + \overline{B}C \quad (4.12)$$

【例題 4.7】

つぎの論理式を，カルノー図を用いて簡単化せよ。

58   4. 論理回路の設計

(1) $F = \overline{A} \cdot \overline{B} \cdot \overline{C} + A \cdot B \cdot C + \overline{B} \cdot C$

(2) $F = \overline{A} \cdot \overline{B} \cdot \overline{C} \cdot D + \overline{A} \cdot \overline{B} \cdot C \cdot D + \overline{A} \cdot B \cdot \overline{C} \cdot \overline{D} + \overline{A} \cdot B \cdot C \cdot \overline{D}$

$+ A \cdot B \cdot \overline{C} \cdot \overline{D} + A \cdot B \cdot C \cdot \overline{D} + A \cdot \overline{B} \cdot \overline{C} \cdot D + A \cdot \overline{B} \cdot C \cdot D$

解

(1) カルノー図は**図 4.17** のようになる。

AB＼C	0	1
00	1	1
01		
11		1
10		1

図 4.17 カルノー図

実線で囲まれた領域をグループ化すると $A=0, B=0$ であるが C はどちらでもよいので，

③□ となる。

一方，破線で囲まれた領域をグループ化すると，$A=1, C=1$ であるが B はどちらでもよいので，④□ となる。したがって，$F = \overline{A} \cdot \overline{B} + A \cdot C$ と簡単化できる。

(2) カルノー図は**図 4.18** のようになる。

AB＼CD	00	01	11	10
00		1	1	
01	1			1
11	1			1
10		1	1	

図 4.18 カルノー図

4.3 論理式の簡単化   59

　実線で囲まれた二つの領域は上下端で折り返して接しているので，二つの領域全体でグループ化される。このグループでは，$B=0, D=1$ であるが A と C はどちらでもよいので，⑤〔　　　　〕となる。

　一方，破線で囲まれた二つの領域は左右端で折り返して接しているので，二つの領域全体でグループ化される。このグループでは，$B=1, D=0$ であるが A と C はどちらでもよいので，⑥〔　　　　〕となる。したがって，次式のように簡単化できる。

$$F = B \cdot \overline{D} + \overline{B} \cdot D \qquad \blacklozenge$$

　入力変数の個数が n のとき，入力変数の組合せは 2^n 個になる。しかしながら，これらのすべての組合せが現実に存在するとは限らない。例えば，BCD 符号を入力信号とするとき，入力変数は 4 個であり，入力変数の組合せは $2^4=16$ 個であるが，実際に入力信号に用いられるのはそのうち 10 個だけである。使われない入力変数の組合せを表す最小項は**冗長項**（**ドントケア項**）と呼ばれる。冗長項に対する出力変数は 0 でも 1 でもよいので，どちらでも取り得る任意の項として扱い，簡単化することができる。例えば，BCD 符号を入力信号とし，10 進数で表したとき，5 以下のときには 0 を出力し，6 以上のときには 1 を出力する論理 F について考える。

　4 個の入力変数を A_3, A_2, A_1, A_0 とし，出力変数を F とする。この論理を表す真理値表を**表 4.6** に示す。$(A_3, A_2, A_1, A_0) = (1, 0, 1, 0)$，$(1, 0, 1, 1)$，$(1, 1, 0, 0)$，$(1, 1, 0, 1)$，$(1, 1,$

表 4.6　冗長項のある真理値表の例

10 進数	A_3	A_2	A_1	A_0	F
0	0	0	0	0	0
1	0	0	0	1	0
2	0	0	1	0	0
3	0	0	1	1	0
4	0	1	0	0	0
5	0	1	0	1	0
6	0	1	1	0	1
7	0	1	1	1	1
8	1	0	0	0	1
9	1	0	0	1	1
入力禁止	1	0	1	0	ϕ
	1	0	1	1	ϕ
	1	1	0	0	ϕ
	1	1	0	1	ϕ
	1	1	1	0	ϕ
	1	1	1	1	ϕ

1, 0), (1, 1, 1, 1) の6個の入力は禁止されていて，これらの入力に対する出力は0でも1でもよいので，ϕで表すことにする．これらの冗長項を考慮していないカルノー図を**図4.19**（a），冗長項を考慮したカルノー図を図（b）に示す．図（a）において，実線で囲まれた領域をグループ化すると$A_3 \cdot \overline{A_2} \cdot \overline{A_1}$，破線で囲まれた領域をグループ化すると$\overline{A_3} \cdot A_2 \cdot A_1$となるので，得られる簡単化した論理式は次式のようになる．

（a）冗長項を考慮していないカルノー図　　（b）冗長項を考慮したカルノー図

図4.19 表4.6のカルノー図

$$F = A_3 \cdot \overline{A_2} \cdot \overline{A_1} + \overline{A_3} \cdot A_2 \cdot A_1 \tag{4.13}$$

これに対し，図（b）において，ϕを1と仮定することによって，簡単化すると，実線で囲まれた領域をグループ化するとA_3，破線で囲まれた領域をグループ化すると$A_2 \cdot A_1$となるので，次式が得られる．

$$F = A_3 + A_2 \cdot A_1 \tag{4.14}$$

式（4.13）に比べ式（4.14）のほうが積項の変数の数が少なく，簡単化されていることがわかる．このように，冗長項を考慮すれば，さらに簡単化できる．

4.3.2　クワイン・マクラスキの方法

カルノー図は論理式を簡単化できる便利な手法であるが，入力変数の数nに対してマス目の数は2^nになる．例えば，入力変数の数が5のときには，マス目の数は ⑦ になる．このように入力変数の数が多くなると，カルノー図そのものが複雑になるという問題がある．入力変数の数が多い場合には，以下に示すクワイン・マクラスキの方法が有効である．

論理式を簡単化する基本的な方法は

$$XY + X\overline{Y} = X(Y + \overline{Y}) = X \tag{4.15}$$

で示される原理に従って冗長な変数を消去していくことである。クワイン・マクラスキの方法はこの手順を表形式で系統的に行っていくものであり，以下にその手順を示す。

クワイン・マクラスキの方法による加法形の論理式の簡単化の方法

① 与えられた式を**主加法標準展開**し，**最小項**の和の形にする（なお，ここで最小項とはすべての変数が AND で結びついている項のことをいう。これに対し，**最大項**とはすべての変数が OR で結びついている項のことをいう）。

② 右辺の各項を左欄に書き，式 (4.15) の原理に従って変数を消去できるような一対の項を線で結び，残った変数を第2欄に書く。これを**第一次圧縮**という。

③ ② と同様に，**第二次圧縮**，**第三次圧縮**，…と順に変数を消去していく。最後に圧縮の対象とならない状態で残った項を**主項**という。

④ 主項を左欄に書き，最小項を上欄に書いた表をつくり，各主項の行において，各最小項が含まれる列に○を書く。

⑤ さらに，各最小項の列において，一つの主項しか○がない場合には，その○を◎に変更する。

⑥ ここで，各主項の行において◎がある主項は省略できない主項である。○しかない主項において，その○のついている最小項が他の省略できない主項にも○がついている場合には，その主項は省略可能である。

⑦ ⑥の作業を行い，省略可能な主項を省略し，残った主項の OR をとれば最終的に簡単化された加法形の論理式が得られる。

例として，式 (4.16) をクワイン・マクラスキの方法で簡単化する。

$$F=\overline{A}\cdot B\cdot\overline{C}+B\cdot\overline{C}\cdot\overline{D}+A\cdot B\cdot\overline{C}\cdot D+A\cdot\overline{B}\cdot\overline{C}\cdot D+A\cdot\overline{B}\cdot C\cdot D \tag{4.16}$$

まず，式 (4.16) を主加法標準展開し，最小項の和の形にする。

$$F=\overline{A}\cdot B\cdot\overline{C}\cdot\overline{D}+\overline{A}\cdot B\cdot\overline{C}\cdot D+A\cdot B\cdot\overline{C}\cdot\overline{D}+A\cdot B\cdot\overline{C}\cdot D+A\cdot\overline{B}\cdot\overline{C}\cdot D+A\cdot\overline{B}\cdot C\cdot D$$
$$\tag{4.17}$$

図 4.20 に示すように，右辺の各項を左欄に書き，式 (4.15) の原理に従って変数を消去できるような一対の項を線で結び，第一次圧縮を行い，残った変数を第2欄に書く。同様に第二次圧縮も行う。

最後に圧縮の対象とならない状態で残った項が主項である。主項の AND をとることにより，式 (4.17) は次式のように圧縮できる。

$$F=B\cdot\overline{C}+A\cdot\overline{C}\cdot D+A\cdot\overline{B}\cdot D \tag{4.18}$$

4. 論理回路の設計

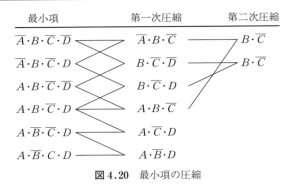

図 4.20 最小項の圧縮

つぎに，主項を左欄に書き，最小項を上欄に書いた表をつくり，各主項の行において，各最小項が含まれる列に○を書く（**表 4.7**（a））。さらに，各最小項の列において，一つの主項しか○がない場合には，その○を◎に変更する（表 4.7（b））。

表 4.7 主項と最小項の関係

(a)

主項＼最小項	$\overline{A}\cdot B\cdot\overline{C}\cdot\overline{D}$	$\overline{A}\cdot B\cdot\overline{C}\cdot D$	$A\cdot B\cdot\overline{C}\cdot\overline{D}$	$A\cdot B\cdot\overline{C}\cdot D$	$A\cdot\overline{B}\cdot\overline{C}\cdot D$	$A\cdot\overline{B}\cdot C\cdot D$
$B\cdot\overline{C}$	○	○	○	○		
$A\cdot\overline{C}\cdot D$				○	○	
$A\cdot\overline{B}\cdot D$					○	○

(b)

主項＼最小項	$\overline{A}\cdot B\cdot\overline{C}\cdot\overline{D}$	$\overline{A}\cdot B\cdot\overline{C}\cdot D$	$A\cdot B\cdot\overline{C}\cdot\overline{D}$	$A\cdot B\cdot\overline{C}\cdot D$	$A\cdot\overline{B}\cdot\overline{C}\cdot D$	$A\cdot\overline{B}\cdot C\cdot D$
$B\cdot\overline{C}$	◎	◎	◎	○		
$A\cdot\overline{C}\cdot D$				○	○	
$A\cdot\overline{B}\cdot D$					○	◎

表 4.7（b）より，$B\cdot\overline{C}$ と $A\cdot\overline{B}\cdot D$ は，◎の最小項を含むので，省略できない。一方，$A\cdot\overline{C}\cdot D$ に含まれている最小項の $A\cdot B\cdot\overline{C}\cdot D$ は $B\cdot\overline{C}$ にも含まれ，$A\cdot\overline{B}\cdot\overline{C}\cdot D$ は $A\cdot\overline{B}\cdot D$ にも含まれている。したがって，$A\cdot\overline{C}\cdot D$ は省略可能である。以上より，式 (4.16) は次式のように簡単化できる。

$$F = B\cdot\overline{C} + A\cdot\overline{B}\cdot D \tag{4.19}$$

【例題 4.8】

つぎの論理式をクワイン・マクラスキの方法を用いて簡単化せよ。

$$F = A\cdot B\cdot C + B\cdot C\cdot D + \overline{A}\cdot B\cdot\overline{C}\cdot D + A\cdot\overline{B}\cdot C\cdot D + A\cdot\overline{B}\cdot C\cdot\overline{D}$$

解

与えられた式を主加法標準展開し，最小項の和の形にする．

$$F = A \cdot B \cdot C + B \cdot C \cdot D + \overline{A} \cdot B \cdot \overline{C} \cdot D + A \cdot \overline{B} \cdot C \cdot D + A \cdot \overline{B} \cdot C \cdot \overline{D}$$
$$= A \cdot B \cdot C \cdot (D + \overline{D}) + (A + \overline{A}) \cdot B \cdot C \cdot D + \overline{A} \cdot B \cdot \overline{C} \cdot D + A \cdot \overline{B} \cdot C \cdot D + A \cdot \overline{B} \cdot C \cdot \overline{D}$$
$$= A \cdot B \cdot C \cdot D + A \cdot B \cdot C \cdot \overline{D} + A \cdot B \cdot C \cdot D + \overline{A} \cdot B \cdot C \cdot D + \overline{A} \cdot B \cdot \overline{C} \cdot D + A \cdot \overline{B} \cdot C \cdot D$$
$$\quad + A \cdot \overline{B} \cdot C \cdot \overline{D}$$
$$= A \cdot B \cdot C \cdot D + A \cdot B \cdot C \cdot \overline{D} + \overline{A} \cdot B \cdot C \cdot D + \overline{A} \cdot B \cdot \overline{C} \cdot D + A \cdot \overline{B} \cdot C \cdot D + A \cdot \overline{B} \cdot C \cdot \overline{D}$$

図 4.21 のように，右辺の各項を左欄に書き，式 (4.15) の原理に従って第一次圧縮を行い，さらに第二次圧縮する．

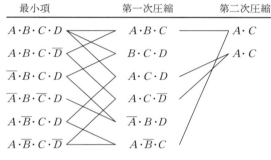

図 4.21 最小項の圧縮

最後に圧縮の対象とならない状態で残った項が主項である．このようにして得られた主項のみ書き出すと，与式は次式のように圧縮できる．

$$F = A \cdot C + B \cdot C \cdot D + \overline{A} \cdot B \cdot D$$

つぎに，主項を左欄に書き，最小項を上欄に書いた表をつくり，各主項の行において，各最小項が含まれる列に○を書き，各最小項の列において，一つの主項しか○がない場合には，その○を◎に変更すると**表 4.8** が得られる．

表 4.8 最小項と主項の関係

主項＼最小項	$A \cdot B \cdot C \cdot D$	$A \cdot B \cdot C \cdot \overline{D}$	$\overline{A} \cdot B \cdot C \cdot D$	$\overline{A} \cdot B \cdot \overline{C} \cdot D$	$A \cdot \overline{B} \cdot C \cdot D$	$A \cdot \overline{B} \cdot C \cdot \overline{D}$
$A \cdot C$	○	◎			◎	◎
$B \cdot C \cdot D$	○		○			
$\overline{A} \cdot B \cdot D$			○	◎		

$A \cdot C$ と $\overline{A} \cdot B \cdot D$ は，◎の最小項を含むので省略できない．一方，$B \cdot C \cdot D$ に含まれている最小項の $A \cdot B \cdot C \cdot D$ は $A \cdot C$ にも含まれ，$\overline{A} \cdot B \cdot C \cdot D$ は $\overline{A} \cdot B \cdot D$ にも含まれている．したがって，$B \cdot C \cdot D$ は省略可能である．したがって，与式は次式のように簡単化できる．

64   4. 論 理 回 路 の 設 計

$$F = A \cdot C + \overline{A} \cdot B \cdot D$$

◆

4.3.3 乗法形の論理式の簡単化

前項までに，カルノー図を用いる方法およびクワイン・マクラスキの方法によって加法形（積和形）の論理式を簡単化する方法を学んだ。つぎに**乗法形（和積形）**の論理式を簡単化することを考える。加法形の式と乗法形の式とは双対な関係にある。したがって，3.2 節で学んだド・モルガンの定理を使って乗法形の論理式を加法形の論理式に変換すれば，前項までに学んだ加法形の論理式を簡単化する方法を用いて簡単化できる。以下に，乗法形の論理式の簡単化の方法を示す。

乗法形の論理式の簡単化の方法

① 論理式 F を乗法形の式で表す。

② ド・モルガンの定理を用いて F の否定（$\overline{F}$）の加法形の式を求める。

③ $\overline{F}$ について，カルノー図を用いる方法あるいはクワイン・マクラスキの方法によって，簡単化した加法形の式を求める。

④ ③ で得られた $\overline{F}$ の簡単化された加法形の式を否定し，ド・モルガンの定理を用いれば，F の簡単化された乗法形の式が得られる。

例として次式を乗法形の式に簡単化することを考える。

$$F = (A + B + C + D)(A + B + C + \overline{D})(\overline{A} + \overline{B} + \overline{C} + \overline{D})(\overline{A} + B + \overline{C} + \overline{D}) \tag{4.20}$$

式 (4.20) を否定し，ド・モルガンの定理を適用すると次式が得られる。

$$\overline{F} = \overline{(A + B + C + D)(A + B + C + \overline{D})(\overline{A} + \overline{B} + \overline{C} + \overline{D})(\overline{A} + B + \overline{C} + \overline{D})}$$

$$= \overline{A + B + C + D} + \overline{A + B + C + \overline{D}} + \overline{\overline{A} + \overline{B} + \overline{C} + \overline{D}} + \overline{\overline{A} + B + \overline{C} + \overline{D}}$$

$$= \overline{A} \cdot \overline{B} \cdot \overline{C} \cdot \overline{D} + \overline{A} \cdot \overline{B} \cdot \overline{C} \cdot \overline{\overline{D}} + \overline{\overline{A}} \cdot \overline{\overline{B}} \cdot \overline{\overline{C}} \cdot \overline{\overline{D}} + \overline{\overline{A}} \cdot B \cdot \overline{\overline{C}} \cdot \overline{\overline{D}}$$

$$= \overline{A} \cdot \overline{B} \cdot \overline{C} \cdot \overline{D} + \overline{A} \cdot \overline{B} \cdot \overline{C} \cdot D + A \cdot B \cdot C \cdot D + A \cdot B \cdot C \cdot D \tag{4.21}$$

式 (4.21) のカルノー図は**図 4.22** のようになる。

図 4.22 より，式 (4.21) は次式のように加法形に簡単化できる。

$$\overline{F} = \overline{A} \cdot \overline{B} \cdot \overline{C} + A \cdot C \cdot D \tag{4.22}$$

式 (4.22) の否定をとり，ド・モルガンの定理を適用することにより，F の乗法形に簡単化された式が次式のように得られる。

4.3 論理式の簡単化　65

CD \ AB	00	01	11	10
00	1	1		
01				
11			1	
10			1	

図4.22 式 (4.21) のカルノー図

$$F = \overline{\overline{A} \cdot \overline{B} \cdot \overline{C} + A \cdot C \cdot D}$$

$$= \overline{\overline{A} \cdot \overline{B} \cdot \overline{C}} \cdot \overline{A \cdot C \cdot D}$$

$$= (\overline{\overline{A}} + \overline{\overline{B}} + \overline{\overline{C}})(\overline{A} + \overline{C} + \overline{D})$$

$$= (A + B + C)(\overline{A} + \overline{C} + \overline{D}) \tag{4.23}$$

【例題 4.9】

つぎの論理式を乗法形に簡単化せよ。

$$F = (A + B + C + \overline{D})(A + \overline{B} + C + \overline{D})(A + \overline{C} + \overline{D})(A + \overline{B} + \overline{C} + D)(\overline{A} + \overline{B} + \overline{C} + D)$$

解

与えられた式を否定し，ド・モルガンの定理を適用する。

$$\overline{F} = \overline{(A+B+C+\overline{D})(A+\overline{B}+C+\overline{D})(A+\overline{C}+\overline{D})(A+\overline{B}+\overline{C}+D)(\overline{A}+\overline{B}+\overline{C}+D)}$$

$$= \overline{(A+B+C+\overline{D})} + \overline{(A+\overline{B}+C+\overline{D})} + \overline{(A+\overline{C}+\overline{D})} + \overline{(A+\overline{B}+\overline{C}+D)} + \overline{(\overline{A}+\overline{B}+\overline{C}+D)}$$

$$= \overline{A}\,\overline{B}\,\overline{C}D + \overline{A}B\overline{C}D + \overline{A}\,CD + \overline{A}BC\overline{D} + ABC\overline{D}$$

上式のカルノー図は**図4.23**のようになる。

図 4.23 より，次式のように簡単化できる。

$$\overline{F} = \overline{A}D + BC\overline{D}$$

上式の両辺を否定し，ド・モルガンの定理を適用すると次式が得られる。

$$F = \overline{\overline{A}D + BC\overline{D}}$$

$$= \overline{\overline{A}D} \cdot \overline{BC\overline{D}}$$

$$= (A + \overline{D})(\overline{B} + \overline{C} + D)$$

66   4. 論 理 回 路 の 設 計

CD\AB	00	01	11	10
00		1	1	
01		1	1	1
11				1
10				

図 4.23　カルノー図

◆

演習問題

【4.1】 NAND のみを用いて NOT，OR，AND，NOR を実現せよ。

【4.2】 つぎの論理式をカルノー図を用いる方法およびクワイン・マクラスキの方法によって加法形に簡単化せよ。さらにその論理式を実現する回路図を描け。

$$F = A \cdot \overline{B} \cdot C \cdot \overline{D} + \overline{A} \cdot B \cdot D + A \cdot B \cdot \overline{C} \cdot D + B \cdot C \cdot D + A \cdot \overline{B} \cdot C \cdot D$$

【4.3】 つぎの論理式を乗法形に簡単化し，その論理式を実現する回路図を描け。

$$F = (A + B + C + D)(A + B + C + \overline{D})(A + \overline{B} + C)(\overline{A} + C + \overline{D})$$

5

組合せ論理回路

組合せ論理回路は現時点における入力値によって出力値が決まる回路である。本章ではまず演算回路の基本となる加算回路と減算回路について学び，これらを利用する乗算回路，除算回路についても簡単に触れる。つぎに，2 章で学んだ符号を例として，符号化を行うエンコーダと復号を行うデコーダについて学ぶ。さらに，よく知られている組合せ論理回路であるマルチプレクサおよびデマルチプレクサについても学ぶ。

5.1 加 算 回 路

1 ビットの数どうしの加算を行う演算回路を**半加算回路**という。1 ビットの数 A と B を加えると式 (5.1) のようになる。$1+1$ の加算結果は 10 となり**桁上り（キャリー）**が生じる。キャリーを除いた和を S とし，キャリーを C とすると，**表 5.1** の真理値表を得ることができる。表 5.1 中の空欄を埋めてみよう。

$$
\begin{array}{ccc}
0 + 0 = {}0 \\
0 + 1 = {}1 \\
1 + 0 = {}1 \\
1 + 1 = 10 \\
A \quad B \quad C\,S
\end{array}
\tag{5.1}
$$

表 5.1 半加算回路の真理値表

A	B	C	S
0	0		
0	1		
1	0		
1	1		

表5.1より，Cは式(5.2)で，Sは式(5.3)で表される。

$$C = A \cdot B \tag{5.2}$$

$$S = A \cdot \overline{B} + \overline{A} \cdot B$$
$$ = A \oplus B \tag{5.3}$$

【例題 5.1】
　入力変数 A, B に対し，出力変数 C が式(5.2)，出力変数 S が式(5.3)で表される半加算回路の回路図を描け。

解
　式(5.3)では2通りの S の数式表現が得られている。$S = A \cdot \overline{B} + \overline{A} \cdot B$ より**図 5.1**（a）のようになり，$S = A \oplus B$ より図（b）のようになる。

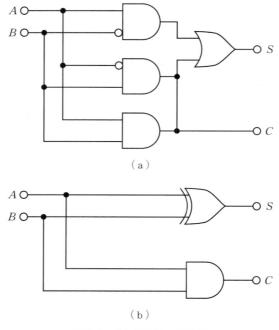

図 5.1　半加算回路の回路図

　半加算回路は1桁の加算を行い，上位の桁へキャリーを与えることができるが，下位の桁からのキャリーを受け取ることができない。これに対して，上位の桁へキャリーを与えることができ，下位の桁からのキャリーを受け取ることができるのが**全加算回路**である。
　全加算回路は，1ビットの二つの数 A_n, B_n と下位の桁からのキャリー C_n を入力変数とし，和信号 S_n，上位の桁へのキャリー C_{n+1} を出力変数とする**組合せ論理回路**である。ここで，

5.1 加 算 回 路　　69

添え字の $n, n+1$ は桁数を表しており，$n+1$ は n より 1 桁上の桁を表す。全加算回路は，A_n, B_n, C_n の三つの 1 ビットの数の加算を行うので，全部で $2^3 = 8$ 通りの加算を行う。これらの計算を式 (5.4) に示す。

$$
\begin{array}{ccccccc}
0 & + & 0 & + & 0 & = & 0 \\
0 & + & 0 & + & 1 & = & 1 \\
0 & + & 1 & + & 0 & = & 1 \\
0 & + & 1 & + & 1 & = & 10 \\
1 & + & 0 & + & 0 & = & 1 \\
1 & + & 0 & + & 1 & = & 10 \\
1 & + & 1 & + & 0 & = & 10 \\
1 & + & 1 & + & 1 & = & 11 \\
A_n & & B_n & & C_n & & C_{n+1}\,S_n
\end{array}
\tag{5.4}
$$

式 (5.4) より，全加算回路の真理値表は**表 5.2** で表される。表 5.2 中の空欄を埋めてみよう。

表 5.2　全加算回路の真理値表

A_n	B_n	C_n	C_{n+1}	S_n
0	0	0		
0	0	1		
0	1	0		
0	1	1		
1	0	0		
1	0	1		
1	1	0		
1	1	1		

　表 5.2 より，C_{n+1} のカルノー図を**図 5.2** に，S_n のカルノー図を**図 5.3** に示す。

　図 5.2 および図 5.3 より，C_{n+1} および S_n は次式で表される。

$$
C_{n+1} = A_n B_n + B_n C_n + A_n C_n
\tag{5.5}
$$

$$
S_n = A_n \cdot B_n \cdot C_n + A_n \cdot \overline{B_n} \cdot \overline{C_n} + \overline{A_n} \cdot B_n \cdot \overline{C_n} + \overline{A_n} \cdot \overline{B_n} \cdot C_n
\tag{5.6}
$$

70   5. 組合せ論理回路

A_nB_n＼C_n	0	1
00		
01		1
11	1	1
10		1

図5.2 C_{n+1} のカルノー図

A_nB_n＼C_n	0	1
00		1
01	1	
11		1
10	1	

図5.3 S_n のカルノー図

ところで，全加算回路の和 S_n は，A_n と B_n の加算結果に ① を加算したものであるから，半加算回路の式を援用して，次式で表される。

$$S_n = (A_n \oplus B_n) \oplus C_n \tag{5.7}$$

なお，式 (5.6) と式 (5.7) が等しいことは以下のように示すことができる。

$$S_n = (A_n \oplus B_n) \oplus C_n = (A_n \cdot \overline{B_n} + \overline{A_n} \cdot B_n) \oplus C_n$$

$$= (A_n \cdot \overline{B_n} + \overline{A_n} \cdot B_n)\overline{C_n} + \overline{(A_n \cdot \overline{B_n} + \overline{A_n} \cdot B_n)}C_n$$

$$= A_n \cdot \overline{B_n} \cdot \overline{C_n} + \overline{A_n} \cdot B_n \cdot \overline{C_n} + \overline{A_n \cdot \overline{B_n}} \cdot \overline{\overline{A_n} \cdot B_n} \cdot C_n$$

$$= A_n \cdot \overline{B_n} \cdot \overline{C_n} + \overline{A_n} \cdot B_n \cdot \overline{C_n} + (\overline{A_n} + B_n) \cdot (A_n + \overline{B_n})C_n$$

$$= A_n \cdot \overline{B_n} \cdot \overline{C_n} + \overline{A_n} \cdot B_n \cdot \overline{C_n} + (\overline{A_n} \cdot A_n + A_n \cdot B_n + \overline{A_n} \cdot \overline{B_n} + B_n \cdot \overline{B_n})C_n$$

$$= A_n \cdot \overline{B_n} \cdot \overline{C_n} + \overline{A_n} \cdot B_n \cdot \overline{C_n} + A_n \cdot B_n \cdot C_n + \overline{A_n} \cdot \overline{B_n} \cdot C_n \tag{5.8}$$

全加算回路のキャリー C_{n+1} は，A_n と B_n の加算結果から発生するか，あるいは，A_n と B_n の和と ② との加算結果から発生するかのいずれかであるから，半加算回路の式を援用して，式 (5.9) で表される。

$$C_{n+1} = A_n \cdot B_n + (A_n \oplus B_n) \cdot C_n \tag{5.9}$$

式 (5.5) と式 (5.9) が等しいことは以下のように示すことができる。

$$C_{n+1} = A_n \cdot B_n + (A_n \oplus B_n) \cdot C_n$$

$$= A_n \cdot B_n + (\overline{A_n}B_n + A_n \overline{B_n}) \cdot C_n$$

$$= A_nB_n(1 + C_n + C_n) + \overline{A_n}B_nC_n + A_n \overline{B_n}C_n$$

$$= A_nB_n + (\overline{A_n} + A_n)B_nC_n + A_n(\overline{B_n} + B_n)C_n$$

$$= A_nB_n + B_nC_n + A_nC_n \tag{5.10}$$

【例題 5.2】

入力変数 A_n, B_n, C_n に対し，出力変数 S_n が式 (5.7)，出力変数 C_{n+1} が式 (5.9) で表される全加算回路の回路図を，半加算回路（HA）を用いて描け。

解

図 5.4 のようになる。

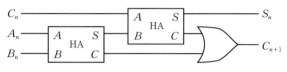

図 5.4　全加算回路の回路図

半加算回路（HA），全加算回路（FA）を用いて，4 ビットの数 $A_3A_2A_1A_0$ と $B_3B_2B_1B_0$ の 4 ビット加算回路を図 5.5 のように構成することができる。この回路における加算式は式 (5.11) で与えられる。

$$A_3A_2A_1A_0 + B_3B_2B_1B_0 = S_4S_3S_2S_1S_0 \tag{5.11}$$

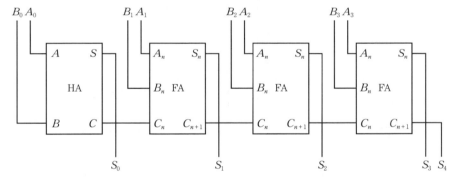

図 5.5　4 ビット加算回路

ところで，図 5.5 の 4 ビット加算回路では n 番ビットの加算により C_{n+1} が出力された後でなければ，$n+1$ 番ビットの加算を行うことができない。したがって，キャリーが出力されるまでの遅延時間が蓄積され，ビット数が増加するに従って演算時間が増加してしまう。

このような遅延を避けるため，入力信号からキャリーを算出することを考えてみよう。各ビットの入力信号のみを用いて全ビットのキャリーを算出する論理式は以下のように求めることができる。

$$C_1 = A_0 \cdot B_0 \tag{5.12}$$

$$C_2 = A_1 \cdot B_1 + (A_1 \oplus B_1) \cdot C_1$$
$$= A_1 \cdot B_1 + (A_1 \oplus B_1) \cdot A_0 \cdot B_0 \tag{5.13}$$
$$C_3 = A_2 \cdot B_2 + (A_2 \oplus B_2) \cdot C_2$$
$$= A_2 \cdot B_2 + (A_2 \oplus B_2) \cdot A_1 \cdot B_1 + (A_2 \oplus B_2) \cdot (A_1 \oplus B_1) \cdot A_0 \cdot B_0 \tag{5.14}$$
$$C_4 = A_3 \cdot B_3 + (A_3 \oplus B_3) \cdot C_3$$
$$= A_3 \cdot B_3 + (A_3 \oplus B_3) \cdot A_2 \cdot B_2 + (A_3 \oplus B_3) \cdot (A_2 \oplus B_2) \cdot A_1 \cdot B_1$$
$$+ (A_3 \oplus B_3) \cdot (A_2 \oplus B_2) \cdot (A_1 \oplus B_1) \cdot A_0 \cdot B_0 \tag{5.15}$$

$S'_i = A_i \oplus B_i$ とすると式 (5.12)～(5.15) は以下のように書き換えられる。

$$C_1 = A_0 \cdot B_0 \tag{5.16}$$
$$C_2 = A_1 \cdot B_1 + S'_1 \cdot A_0 \cdot B_0 \tag{5.17}$$
$$C_3 = A_2 \cdot B_2 + S'_2 \cdot A_1 \cdot B_1 + S'_2 \cdot S'_1 \cdot A_0 \cdot B_0 \tag{5.18}$$
$$C_4 = A_3 \cdot B_3 + S'_3 \cdot A_2 \cdot B_2 + S'_3 \cdot S'_2 \cdot A_1 \cdot B_1 + S'_3 \cdot S'_2 \cdot S'_1 \cdot A_0 \cdot B_0 \tag{5.19}$$

式 (5.16)～(5.19) を用いることにより，遅延時間を短縮できる 4 ビット加算回路を図 5.6 のように構成することができる。

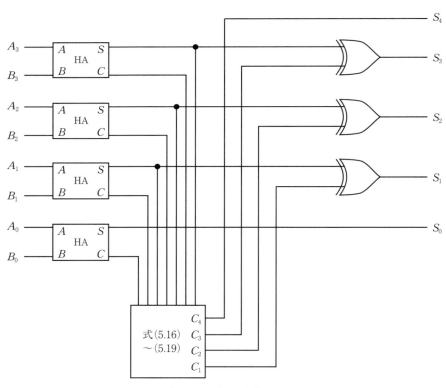

図 5.6 4 ビット加算回路

【例題 5.3】

4ビットの2進数 $A_3A_2A_1A_0$ に対し，制御信号 C が $C=0$ のときにはそのまま，$C=1$ のときには1の補数を出力する回路の回路図を描け。

解

4ビットの出力信号を $F_3F_2F_1F_0$ とすると，真理値表は**表5.3**のようになる。表5.3中の空欄を埋めてみよう。

表5.3 真理値表

A_n	C	F_n
0	0	
0	1	
1	0	
1	1	

表5.3より，出力 F_n の論理式は

$$F_n = \overline{A_n} \cdot C + A_n \cdot \overline{C}$$
$$= A_n \oplus C \tag{5.20}$$

となる。したがって，求める回路図は**図5.7**のようになる。

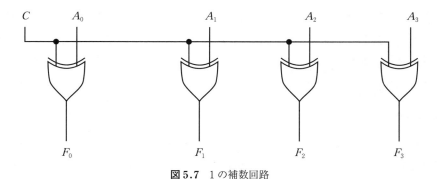

図5.7 1の補数回路

つぎに減算について考える。1章で学んだ補数を用いれば，加算によって減算を実現できる。4ビット全加算回路（全加算回路を4個接続した回路であり，図5.5において，半加算回路を全加算回路に変更した回路）を援用して，**図5.8**のように4ビットの数 $A_3A_2A_1A_0$ と $B_3B_2B_1B_0$ の4ビット加減算回路を実現できる。ここで，加算は式(5.11)のとおりであり，減算は次式で表される。

0：加算
1：減算

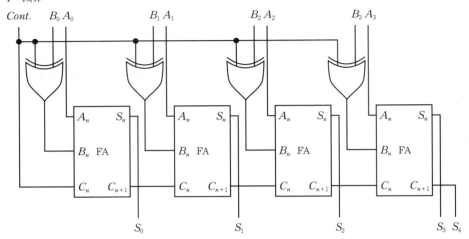

図5.8　4ビット加減算回路の回路図

$$A_3A_2A_1A_0 - B_3B_2B_1B_0 = S_3S_2S_1S_0 \tag{5.21}$$

　加算のときには Cont. 信号が0となり，図5.5の4ビット加算回路と同様の動作となる。減算のときには Cont. 信号が1となる。【例題5.3】で求めた1の補数回路を利用して，$B_3B_2B_1B_0$ の1の補数をつくり，さらに1を加えることにより $B_3B_2B_1B_0$ の2の補数と $A_3A_2A_1A_0$ との加算を行っている。

　2^n の乗算は，n 桁 ③＿＿＿ にシフトし，下位の桁に0を代入することにより容易に実現できる。一般的な乗算回路は加算回路とビットシフトとの組合せにより実現可能である。すなわち，1.2節で述べたように，乗数の各ビットについて，1のときには被乗数のLSBがそのビット位置に一致するようにシフトし，0のときには何もしない。この作業を乗数のLSBからMSBまで繰り返し行い，最後にすべての和をとればよい。

　一方，n 桁 ④＿＿＿ にシフトすれば，⑤＿＿＿ 倍になるので，2^n の除算も容易に実現できる。しかしながら，一般的な除算回路を実現するには，前述のような補数を用いた減算回路を用いると，補数への変換が必要になる。これを避けるには，次節で述べる減算回路を用いればよい。

5.2　減　算　回　路

　前節で，2の補数を用いる減算回路を述べたが，本節では補数系を用いない減算回路について述べる。減算は加算と同様に，半減算回路，全減算回路を構成することができ，これら

5.2 減算回路 75

を用いて，複数ビットの減算を実現できる。

1ビットの数どうしの減算を行う演算回路を**半減算回路**という。1ビットの数AからBを引いたときの減算は式 (5.22) のようになる。ここで，0から1は引けないので，このとき上位桁からの**借り（ボロー）**が生じる。差をDとし，ボローをCとすると，式 (5.21) から半減算回路の真理値表は**表5.4**のようになる。表5.4中の空欄を埋めてみよう。

$$
\begin{array}{cccc}
0 & - & 0 & = & 0 \\
1\,0 & - & 1 & = & 1 \\
1 & - & 0 & = & 1 \\
1 & - & 1 & = & 0 \\
C\,A & & B & & D
\end{array}
\tag{5.22}
$$

表5.4　半減算回路の真理値表

A	B	C	D
0	0		
0	1		
1	0		
1	1		

表5.4からCの論理式は式 (5.23)，Dの論理式は式 (5.24) のようになる。

$$C = \overline{A} \cdot B \tag{5.23}$$

$$D = A \cdot \overline{B} + \overline{A} \cdot B$$
$$ = A \oplus B \tag{5.24}$$

【例題5.4】

入力変数A, Bに対し，出力変数Cが式 (5.23)，出力変数Dが式 (5.24) で表される半減算回路の回路図を描け。

解

式 (5.24) では2通りのDの数式表現が得られている。$D = A \cdot \overline{B} + \overline{A} \cdot B$より，**図5.9**（a）のようになり，$D = A \oplus B$より図（b）のようになる。

76   5. 組合せ論理回路

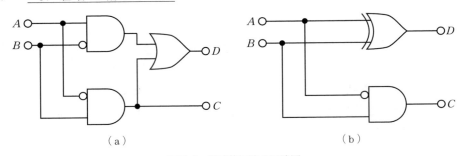

図 5.9 半減算回路の回路図 ◆

　半減算回路は1桁の減算を行い，上位の桁へボローを与えることができるが，下位の桁からのボローを受け取ることができない。上位の桁へボローを与えることができるだけではなく，下位の桁からのボローを受け取ることができるのが**全減算回路**である。全減算回路は，1ビットの二つの数 A_n, B_n と下位の桁からのボロー C_n を入力変数とし，差信号 D_n，上位の桁へのボロー C_{n+1} を出力変数とする組合せ論理回路である。全減算の計算式は，式 (5.25) で表される。

$$\begin{array}{rcccl}
0 & - & 0 & - & 0 & = & 0 \\
10 & - & 0 & - & 1 & = & 1 \\
10 & - & 1 & - & 0 & = & 1 \\
10 & - & 1 & - & 1 & = & 0 \\
1 & - & 0 & - & 0 & = & 1 \\
1 & - & 0 & - & 1 & = & 0 \\
1 & - & 1 & - & 0 & = & 0 \\
1 & - & 1 & - & 1 & = & 1 \\
C_{n+1}A_n & & B_n & & C_n & & D_n
\end{array} \qquad (5.25)$$

式 (5.25) より**表 5.5** の全減算回路の真理値表が得られる。表 5.5 中の空欄を埋めてみよう。

表 5.5 全減算回路の真理値表

A_n	B_n	C_n	C_{n+1}	D_n
0	0	0		
0	0	1		
0	1	0		
0	1	1		
1	0	0		
1	0	1		
1	1	0		
1	1	1		

表 5.5 より，C_{n+1} のカルノー図を**図 5.10** に，D_n のカルノー図を**図 5.11** に示す。

図 5.10 および図 5.11 より，C_{n+1} および D_n は次式で表される。

$$C_{n+1} = \overline{A_n} \cdot B_n + B_n \cdot C_n + \overline{A_n} \cdot C_n \tag{5.26}$$

$$D_n = A_n \cdot B_n \cdot C_n + A_n \cdot \overline{B_n} \cdot \overline{C_n} + \overline{A_n} \cdot B_n \cdot \overline{C_n} + \overline{A_n} \cdot \overline{B_n} \cdot C_n \tag{5.27}$$

A_nB_n ＼ C_n	0	1
00		1
01	1	1
11		1
10		

図 5.10 C_{n+1} のカルノー図

A_nB_n ＼ C_n	0	1
00		1
01	1	
11		1
10	1	

図 5.11 D_n のカルノー図

全減算回路の差 D_n は，A_n と B_n の減算結果に C_n を減算したものであるから，半減算回路の式を援用して，次式で表される。

$$D_n = (A_n \oplus B_n) \oplus C_n \tag{5.28}$$

式 (5.27) と式 (5.28) が等しいことは以下のように示すことができる。

$$D_n = (A_n \oplus B_n) \oplus C_n = (A_n \cdot \overline{B_n} + \overline{A_n} \cdot B_n) \oplus C_n$$

$$= (A_n \cdot \overline{B_n} + \overline{A_n} \cdot B_n)\overline{C_n} + \overline{(A_n \cdot \overline{B_n} + \overline{A_n} \cdot B_n)}C_n$$

$$= A_n \cdot \overline{B_n} \cdot \overline{C_n} + \overline{A_n} \cdot B_n \cdot \overline{C_n} + \overline{(A_n \cdot \overline{B_n})}\,\overline{(\overline{A_n} \cdot B_n)}C_n$$

$$= A_n \cdot \overline{B_n} \cdot \overline{C_n} + \overline{A_n} \cdot B_n \cdot \overline{C_n} + (\overline{A_n} + B_n)(A_n + \overline{B_n})C_n$$

$$= A_n \cdot \overline{B_n} \cdot \overline{C_n} + \overline{A_n} \cdot B_n \cdot \overline{C_n} + (\overline{A_n} \cdot \overline{B_n} + A_n \cdot B_n)C_n$$

$$= A_n \cdot B_n \cdot C_n + A_n \cdot \overline{B_n} \cdot \overline{C_n} + \overline{A_n} \cdot B_n \cdot \overline{C_n} + \overline{A_n} \cdot \overline{B_n} \cdot C_n \tag{5.29}$$

全減算回路のボロー C_{n+1} は，A_n と B_n の減算結果から発生するか，あるいは，A_n と B_n の差と C_n との減算結果から発生するかのいずれかであるから，次式で表される。

$$C_{n+1} = \overline{A_n} \cdot B_n + \overline{(A_n \oplus B_n)} \cdot C_n \tag{5.30}$$

式 (5.26) と式 (5.30) が等しいことは以下のように示すことができる。

$$C_{n+1} = \overline{A_n} \cdot B_n + \overline{(A_n \oplus B_n)} \cdot C_n$$

$$= \overline{A_n} \cdot B_n + \overline{(\overline{A_n} \cdot B_n + A_n \cdot \overline{B_n})} \cdot C_n$$

$$= \overline{A_n} \cdot B_n + \overline{\overline{A_n} \cdot B_n} \cdot \overline{A_n \cdot \overline{B_n}} \cdot C_n$$

$$= \overline{A_n} \cdot B_n + (A_n + \overline{B_n})(\overline{A_n} + B_n) \cdot C_n$$
$$= \overline{A_n} \cdot B_n + A_n \cdot B_n \cdot C_n + \overline{A_n} \cdot \overline{B_n} \cdot C_n$$
$$= \overline{A_n} \cdot B_n(1 + C_n + C_n) + A_n \cdot B_n \cdot C_n + \overline{A_n} \cdot \overline{B_n} \cdot C_n$$
$$= \overline{A_n} \cdot B_n + (A_n + \overline{A_n})B_n \cdot C_n + \overline{A_n}(B_n + \overline{B_n})C_n$$
$$= \overline{A_n} \cdot B_n + B_n \cdot C_n + \overline{A_n} \cdot C_n \tag{5.31}$$

【例題 5.5】

入力変数 A_n, B_n, C_n に対し,出力変数 D_n が式 (5.28),出力変数 C_{n+1} が式 (5.30) で表される全減算回路の回路図を,半減算回路 (HS) を用いて描け。

解

図 5.12 のようになる。

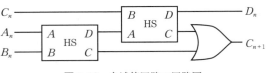

図 5.12 全減算回路の回路図 ◆

半減算回路 (HS) と $n-1$ 個の全減算回路 (FS) を並べれば,加算回路の場合と同様に n ビット減算回路を実現できる。4 ビットの数 $A_3A_2A_1A_0$ と $B_3B_2B_1B_0$ の 4 ビット減算回路を図 5.13 のように構成することができる。ただし,C_4 は減算結果の正負を表すビットであり,$C_4 = 0$ であれば $A_3A_2A_1A_0 \geq B_3B_2B_1B_0$ であるので,この回路における減算式は式 (5.32) で与えられる。

$$A_3A_2A_1A_0 - B_3B_2B_1B_0 = S_3S_2S_1S_0 \tag{5.32}$$

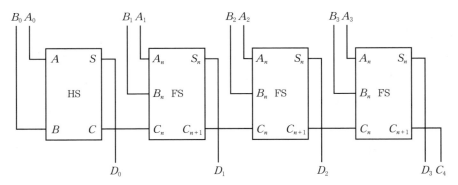

図 5.13 4 ビット減算回路

一方，$C_4 = 1$ であれば $A_3A_2A_1A_0 < B_3B_2B_1B_0$ であるので，この回路における減算式は式 (5.33) で与えられる。

$$A_3A_2A_1A_0 - B_3B_2B_1B_0 = S_3S_2S_1S_0 - 2^4 \tag{5.33}$$

式 (5.33) を変形すれば，次式が得られる。

$$B_3B_2B_1B_0 - A_3A_2A_1A_0 = 2^4 - S_3S_2S_1S_0 \tag{5.34}$$

式 (5.34) より $S_3S_2S_1S_0$ は $B_3B_2B_1B_0 - A_3A_2A_1A_0$ の 2 の補数となっていることがわかる。

5.3 エンコーダとデコーダ

符号化を行う回路を**エンコーダ**と呼び，これとは逆に符号化された信号に対して復号を行う回路を**デコーダ**と呼ぶ。さまざまなエンコーダとデコーダが存在するが，本節では，2 章で学んだ **BCD 符号**と **(7,4) ハミング符号**のエンコーダおよびデコーダについて学ぶ。

5.3.1　10 進-BCD エンコーダと BCD-10 進デコーダ

10 進数を 2.1 節で学んだ BCD 符号に符号化する **10 進-BCD エンコーダ**の真理値表は，10 進数の 0 から 9 に対応する入力信号を $I_0 \sim I_9$ とし，出力される 4 ビットの BCD 符号を $ABCD$ とすると，**表 5.6** のようになる。表 5.6 中の空欄を埋めてみよう。

表 5.6　10 進-BCD エンコーダの真理値表

I_0	I_1	I_2	I_3	I_4	I_5	I_6	I_7	I_8	I_9	A	B	C	D
1	0	0	0	0	0	0	0	0	0				
0	1	0	0	0	0	0	0	0	0				
0	0	1	0	0	0	0	0	0	0				
0	0	0	1	0	0	0	0	0	0				
0	0	0	0	1	0	0	0	0	0				
0	0	0	0	0	1	0	0	0	0				
0	0	0	0	0	0	1	0	0	0				
0	0	0	0	0	0	0	1	0	0				
0	0	0	0	0	0	0	0	1	0				
0	0	0	0	0	0	0	0	0	1				

表 5.6 から，出力信号 A, B, C, D の論理式は以下のようになる。

$$A = I_8 + I_9 \tag{5.35}$$
$$B = I_4 + I_5 + I_6 + I_7 \tag{5.36}$$
$$C = I_2 + I_3 + I_6 + I_7 \tag{5.37}$$
$$D = I_1 + I_3 + I_5 + I_7 + I_9 \tag{5.38}$$

式 (5.35)～(5.38) より，10 進-BCD エンコーダの回路図は図 5.14 のようになる。

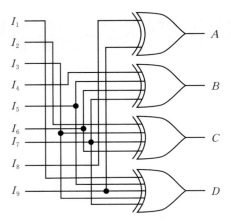

図 5.14 10 進-BCD エンコーダの回路図

表 5.7 BCD-10 進デコーダの真理値表

A	B	C	D	Z_0	Z_1	Z_2	Z_3	Z_4	Z_5	Z_6	Z_7	Z_8	Z_9
0	0	0	0										
0	0	0	1										
0	0	1	0										
0	0	1	1										
0	1	0	0										
0	1	0	1										
0	1	1	0										
0	1	1	1										
1	0	0	0										
1	0	0	1										

5.3 エンコーダとデコーダ　　81

つぎに BCD 符号を 10 進数に復号する **BCD-10 進デコーダ**について考える。入力される 4 ビットの BCD 符号を $ABCD$ とし，出力される 10 進数 0 〜 9 に対応する 10 進符号を Z_0 〜 Z_9 とすると，BCD-10 進デコーダの真理値表は表 5.6 と同様に，**表 5.7** で表される。表 5.7 中の空欄を埋めてみよう。

表 5.7 から，出力信号 Z_0 〜 Z_9 の論理式は以下のようになる。

$$Z_0 = \overline{A} \cdot \overline{B} \cdot \overline{C} \cdot \overline{D} \tag{5.39}$$

$$Z_1 = \overline{A} \cdot \overline{B} \cdot \overline{C} \cdot D \tag{5.40}$$

$$Z_2 = \overline{A} \cdot \overline{B} \cdot C \cdot \overline{D} \tag{5.41}$$

$$Z_3 = \overline{A} \cdot \overline{B} \cdot C \cdot D \tag{5.42}$$

$$Z_4 = \overline{A} \cdot B \cdot \overline{C} \cdot \overline{D} \tag{5.43}$$

$$Z_5 = \overline{A} \cdot B \cdot \overline{C} \cdot D \tag{5.44}$$

$$Z_6 = \overline{A} \cdot B \cdot C \cdot \overline{D} \tag{5.45}$$

$$Z_7 = \overline{A} \cdot B \cdot C \cdot D \tag{5.46}$$

$$Z_8 = A \cdot \overline{B} \cdot \overline{C} \cdot \overline{D} \tag{5.47}$$

$$Z_9 = A \cdot \overline{B} \cdot \overline{C} \cdot D \tag{5.48}$$

式 (5.39) 〜 (5.48) を用いて回路図を構成することもできるが，BCD 符号では，$(A, B, C, D) = (1, 0, 1, 0)$，$(1, 0, 1, 1)$，$(1, 1, 0, 0)$，$(1, 1, 0, 1)$，$(1, 1, 1, 0)$，$(1, 1, 1, 1)$ は用いない。したがって，これらの**冗長項**を考慮すれば，式 (5.39) 〜 (5.48) を簡単化できる可能性がある。Z_0 〜 Z_9 のカルノー図は**図 5.15** で表される。

CD AB	00	01	11	10
00	1			
01				
11	ϕ	ϕ	ϕ	ϕ
10			ϕ	ϕ

（a）Z_0

CD AB	00	01	11	10
00		1		
01				
11	ϕ	ϕ	ϕ	ϕ
10			ϕ	ϕ

（b）Z_1

図 5.15 Z_0 〜 Z_9 のカルノー図

82   5. 組合せ論理回路

AB \ CD	00	01	11	10
00				1
01				
11	φ	φ	φ	φ
10			φ	φ

（c）Z_2

AB \ CD	00	01	11	10
00			1	
01				
11	φ	φ	φ	φ
10			φ	φ

（d）Z_3

AB \ CD	00	01	11	10
00				
01	1			
11	φ	φ	φ	φ
10			φ	φ

（e）Z_4

AB \ CD	00	01	11	10
00				
01		1		
11	φ	φ	φ	φ
10			φ	φ

（f）Z_5

AB \ CD	00	01	11	10
00				
01				1
11	φ	φ	φ	φ
10			φ	φ

（g）Z_6

AB \ CD	00	01	11	10
00				
01			1	
11	φ	φ	φ	φ
10			φ	φ

（h）Z_7

図 5.15　（つづき）

CD / AB	00	01	11	10
00				
01				
11	ϕ	ϕ	ϕ	ϕ
10	1		ϕ	ϕ

（i）Z_8

CD / AB	00	01	11	10
00				
01				
11	ϕ	ϕ	ϕ	ϕ
10		1	ϕ	ϕ

（j）Z_9

図 5.15 （つづき）

図 5.15 のカルノー図から，式 (5.39)〜(5.48) は，式 (5.49)〜(5.58) のように簡単化できる。

$$Z_0 = \overline{A}\cdot\overline{B}\cdot\overline{C}\cdot\overline{D} \tag{5.49}$$

$$Z_1 = \overline{A}\cdot\overline{B}\cdot\overline{C}\cdot D \tag{5.50}$$

$$Z_2 = \overline{B}\cdot C\cdot\overline{D} \tag{5.51}$$

$$Z_3 = \overline{B}\cdot C\cdot D \tag{5.52}$$

$$Z_4 = B\cdot\overline{C}\cdot\overline{D} \tag{5.53}$$

$$Z_5 = B\cdot\overline{C}\cdot D \tag{5.54}$$

$$Z_6 = B\cdot C\cdot\overline{D} \tag{5.55}$$

$$Z_7 = B\cdot C\cdot D \tag{5.56}$$

$$Z_8 = A\cdot\overline{D} \tag{5.57}$$

$$Z_9 = A\cdot D \tag{5.58}$$

式 (5.49)〜(5.58) より，BCD-10 進デコーダの回路図は**図 5.16** のようになる。

84   5. 組合せ論理回路

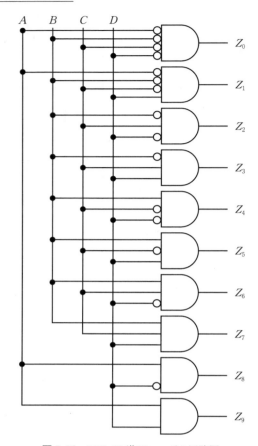

図 5.16　BCD-10進デコーダの回路図

5.3.2 (7,4) ハミング符号のエンコーダとデコーダ

2.3.3項で述べたように (7,4) ハミング符号では，4個の情報ビット x_0, x_1, x_2, x_3 に対し，式 (5.59)〜(5.61) により，検査ビット c_0, c_1, c_2 をつくり，これらを付加して符号化する。

$$c_0 = x_0 \oplus x_1 \oplus x_2 \tag{5.59}$$

$$c_1 = \phantom{x_0 \oplus{}} x_1 \oplus x_2 \oplus x_3 \tag{5.60}$$

$$c_2 = x_0 \oplus x_1 \phantom{{}\oplus x_2} \oplus x_3 \tag{5.61}$$

ハミング符号化された符号 $\boldsymbol{w}$ は次式で表される。

$$\boldsymbol{w} = (x_0, x_1, x_2, x_3, c_0, c_1, c_2) \tag{5.62}$$

5.3 エンコーダとデコーダ

【例題 5.6】

式 (5.59)～(5.62) より，四つの情報ビット (x_0, x_1, x_2, x_3) から $(7,4)$ ハミング符号 $(x_0, x_1, x_2, x_3, c_0, c_1, c_2)$ に符号化する **(7,4) ハミング符号エンコーダ** の回路図を描け。

解

図 5.17 のようになる。

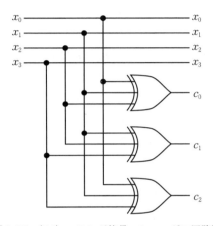

図 5.17 (7,4) ハミング符号エンコーダの回路図 ◆

(7,4) ハミング符号を復号するには，受信符号 $\boldsymbol{y} = (y_0, y_1, y_2, y_3, y_4, y_5, y_6)$ から式 (5.63)～(5.65) で表される誤りシンドローム $\boldsymbol{s} = (s_0, s_1, s_2)$ を求め，**表 5.8** の誤りシンドロームと

表 5.8 誤りシンドロームと誤りパターンの真理値表

s_0	s_1	s_2	e_0	e_1	e_2	e_3	e_4	e_5	e_6
1	0	1							
1	1	1							
1	1	0							
0	1	1							
1	0	0							
0	1	0							
0	0	1							
0	0	0							

誤りパターンの真理値表から誤りパターン $e = (e_0, e_1, e_2, e_3, e_4, e_5, e_6)$ を求め，式 (5.66) のように受信符号 $y = (y_0, y_1, y_2, y_3, y_4, y_5, y_6)$ と誤りパターン $e = (e_0, e_1, e_2, e_3, e_4, e_5, e_6)$ の排他的論理和をとることにより復号された符号 $z = (z_0, z_1, z_2, z_3, z_4, z_5, z_6)$ を得ることができる。表 5.8 中の空欄を埋めてみよう。

$$s_0 = y_0 \oplus y_1 \oplus y_2 \quad\ \oplus y_4 \tag{5.63}$$

$$s_1 = \quad\ y_1 \oplus y_2 \oplus y_3 \quad\ \oplus y_5 \tag{5.64}$$

$$s_2 = y_0 \oplus y_1 \quad\ \oplus y_3 \quad\ \oplus y_6 \tag{5.65}$$

$$\begin{aligned} z &= y \oplus e \\ &= (y_0 \oplus e_0, y_1 \oplus e_1, y_2 \oplus e_2, y_3 \oplus e_3, y_4 \oplus e_4, y_5 \oplus e_5, y_6 \oplus e_6) \\ &= (z_0, z_1, z_2, z_3, z_4, z_5, z_6) \end{aligned} \tag{5.66}$$

以上より，(7,4) ハミング符号を復号する **(7,4) ハミング符号デコーダ**の回路図は**図 5.18** のようになる。

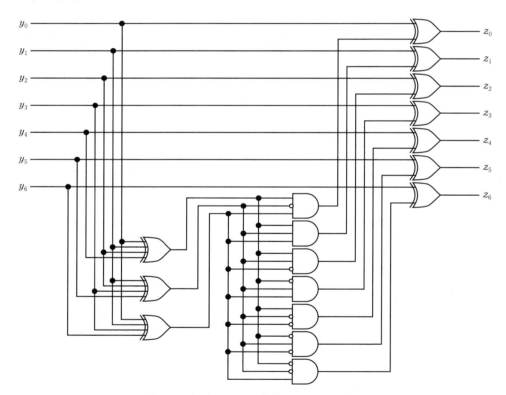

図 5.18 (7,4) ハミング符号デコーダの回路図

5.4 マルチプレクサとデマルチプレクサ

複数の入力チャネルのなかから一つのチャネルに入力された信号を選択して出力する回路を**マルチプレクサ**といい，一つの入力信号に対して，複数の出力チャネルのなかから一つのチャネルを選択して，そのチャネルに出力する回路を**デマルチプレクサ**という。

例として，4チャネルの入力チャネルを有するマルチプレクサについて考えてみよう。4チャネルあるので，選択するチャネルを決めるための**チャネル選択信号**は2ビットになる。チャネル選択信号をS_0, S_1，各チャネルの入力信号を$A \sim D$，出力信号をZとしたときのマルチプレクサの真理値表は**表5.9**のようになる。

表5.9 4チャネルマルチプレクサの真理値表

S_1	S_0	Z
0	0	A
0	1	B
1	0	C
1	1	D

表5.9より，4チャネルマルチプレクサの回路図は**図5.19**のようになる。

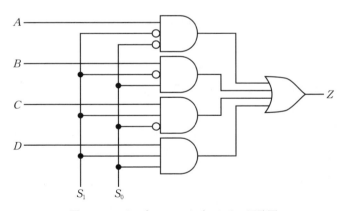

図5.19 4チャネルマルチプレクサの回路図

つぎに4チャネルの出力チャネルを有するデマルチプレクサについて考えてみよう。4チャネルあるので，選択するチャネルを決めるためのチャネル選択信号は2ビットになる。チャネル選択信号をS_0, S_1，入力信号をX，四つの出力チャネルを$A \sim D$としたときのマルチプレクサの真理値表は**表5.10**のようになる。表5.10中の空欄を埋めてみよう。

表5.10より，4チャネルデマルチプレクサの回路図は**図5.20**のようになる。

88   5. 組合せ論理回路

表5.10 4チャネルデマルチプレクサの真理値表

S_1	S_0	A	B	C	D
0	0	X			
0	1		0		
1	0			0	
1	1				0

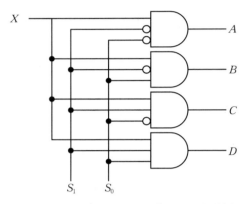

図5.20 4チャネルデマルチプレクサの回路図

演習問題

【5.1】 半加算回路を用いて4ビット加減算回路の回路図を描け。

【5.2】 4ビットの2進数 $A_3A_2A_1A_0$ に対し，制御信号 C が $C=0$ のときにはそのまま，$C=1$ のときには2の補数を出力する回路の回路図を，半加算回路を利用して描け。

【5.3】 3ビットの2進数 $A_2A_1A_0$ と2ビットの2進数 B_1B_0 の乗算を行う乗算回路の回路図を，半加算回路 (HA) と全加算回路 (FA) を利用して描け。

【5.4】 4ビットの2進数 $A_3A_2A_1A_0$ を4ビットのグレイ符号 $a_3a_2a_1a_0$ に変換する2進数-グレイ符号エンコーダと4ビットのグレイ符号 $a_3a_2a_1a_0$ を4ビットの2進数 $A_3A_2A_1A_0$ に変換するグレイ符号-2進数デコーダの回路図を描け。

【5.5】 二つの1ビットの数 A, B に対し，$A>B$ のときには $F_0=1$，$A=B$ のときには $F_1=1$，$A<B$ のときには $F_2=1$ を出力する1ビット比較回路の回路図を描け。

6

フリップフロップ

　組合せ論理回路は現在の入力値によって出力が決まるが，カウンタのように過去の値に関係して現在の出力が決定される回路もある。そのような回路を製作するためには，過去の入力値を記憶しておく回路が必要になる。

　1 ビットの状態を記憶する回路がフリップフロップである。記憶のさせ方が異なるさまざまなフリップフロップがある。本章では，RS 型，JK 型，T 型，D 型フリップフロップについて学ぶ。

6.1　RS フリップフロップ

　RS フリップフロップには R と S の二つの入力があり，Q とその否定である $\overline{Q}$ の二つの出力がある。ここで，R は reset，S は set の意味である。S のみまたは R のみが 1 のときには，現在の状態とは無関係にそれぞれ**セット**（$Q=1$）または**リセット**（$Q=0$）の状態になる。$S=R=0$ の場合には，現在の状態を保持している。一方，$S=R=1$ となることは禁止されている。

表 6.1　RS フリップフロップの特性表

S	R	Q_n	Q_{n+1}
0	0	0	
0	0	1	
0	1	0	
0	1	1	
1	0	0	
1	0	1	
1	1	0	—
1	1	1	—

90   6. フリップフロップ

表 6.2 RS フリップフロップの特性表

S	R	Q_{n+1}
0	0	Q_n
0	1	0
1	0	1
1	1	—

RS フリップフロップの動作は**表 6.1**, **表 6.2** のように表され, これらの表は**特性表**と呼ばれる。ここで, Q_n における添え字の n は**時点**を表している。例えば, Q_{n+1} は Q_n のつぎの時点 $n+1$ における Q の状態を表している。真理値表はすべての入力変数に対する出力変数の関係を表す表であるが, 表 6.1 の Q_{n+1} と Q_n はどちらも同じ端子から出力される出力信号である。

なお, 表 6.1 と表 6.2 は同じ動作を表している。表 6.1 中の空欄を埋めてみよう。

図 6.1 に RS フリップフロップの動作例を示す。この図において横軸は時刻 t を表す。

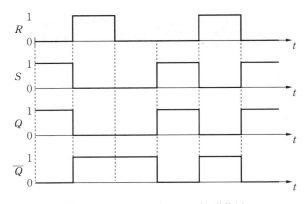

図 6.1 RS フリップフロップの動作例

図 6.2 に RS フリップフロップの特性表より得られるカルノー図を示す。この図において $(S, R) = (1, 1)$ は入力が禁止されている項であるため, 冗長項 ϕ となっている。

図 6.2 より, 以下の式が得られる。

$$Q_{n+1} = S + \overline{R} \cdot Q_n \tag{6.1}$$

ただし, $(S, R) = (1, 1)$ は禁止されているので, 次式も成り立つ。

$$SR = 0 \tag{6.2}$$

ここで, 式 (6.1) は RS フリップフロップの動作を表す方程式であり, **特性方程式**と呼ばれる。式 (6.1) より

6.1 RSフリップフロップ　91

SR \ Q_n	0	1
00		1
01		
11	ϕ	ϕ
10	1	1

図 6.2 RSフリップフロップの
カルノー図

$$\left.\begin{array}{l} Q_{n+1} = S + \overline{R} \cdot Q_n = \overline{\overline{S + \overline{R} \cdot Q_n}} = \overline{\overline{S} \cdot \overline{\overline{R} \cdot Q_n}} \\ Q_{n+1} = S + \overline{R} \cdot Q_n = S(R + \overline{R}) + \overline{R} \cdot Q_n = SR + S\overline{R} + \overline{R} \cdot Q_n \end{array}\right\} \quad (6.3)$$

となる。ここで，式 (6.2) より $SR = 0$ であるから

$$Q_{n+1} = S\overline{R} + \overline{R} \cdot Q_n = \overline{R}(S + Q_n) \tag{6.4}$$

となる。式 (6.4) の両辺を否定すると，次式が得られる。

$$\overline{Q_{n+1}} = \overline{\overline{R}(S + Q_n)} = R + \overline{(S + Q_n)} = \overline{\overline{R + \overline{S} \cdot \overline{Q_n}}} = \overline{\overline{R} \cdot \overline{\overline{S} \cdot \overline{Q_n}}} \tag{6.5}$$

式 (6.3) と式 (6.5) より，RSフリップフロップの回路図は**図 6.3** のようになる。

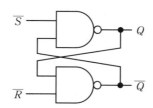

図 6.3 RSフリップフロップの
回路図

【例題 6.1】
RSフリップフロップに**図 6.4** のような信号が入力されたときの出力波形 ($Q, \overline{Q}$) を描け。

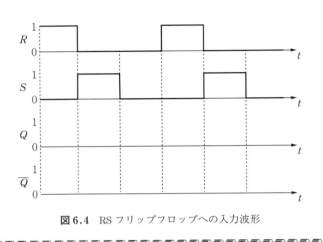

図 6.4 RS フリップフロップへの入力波形

解

はじめは $(R, S) = (1, 0)$ なのでリセットされ $Q=0$ となる。つぎに $(R, S) = (0, 1)$ となりセットされ $Q=1$ となる。さらに $(R, S) = (0, 0)$ では前の状態が保持され $Q=1$，以下同様にして求めることができ，最終的に**図 6.5**のようになる。

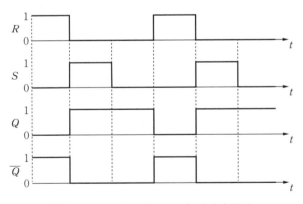

図 6.5 RS フリップフロップの入出力波形 ◆

6.2 JK フリップフロップ

RS フリップフロップでは入力が禁止されている信号 $S=R=1$ があった。これに対し，このような入力禁止をなくしたフリップフロップに **JK フリップフロップ**がある。JK フリップフロップは，RS フリップフロップと異なり，$J=K=1$ の入力が許されていて，この入力に対して状態を反転する。なお，J がセット，K がリセットを表すことに注意する。**表 6.3**

6.2 JK フリップフロップ　　93

表 6.3　JK フリップフロップの
　　　　特性表

J	K	Q_n	Q_{n+1}
0	0	0	
0	0	1	
0	1	0	
0	1	1	
1	0	0	
1	0	1	
1	1	0	
1	1	1	

および**表 6.4** に JK フリップフロップの特性表を示す。ここで，表 6.3 と表 6.4 は同じ動作を表している。表 6.3 中の空欄を埋めてみよう。

表 6.4　JK フリップフロップの
　　　　特性表

J	K	Q_{n+1}
0	0	Q_n
0	1	0
1	0	1
1	1	$\overline{Q_n}$

表 6.3，表 6.4 より得られる JK フリップフロップのカルノー図を**図 6.6** に示す。

Q_n JK	0	1
00		1
01		
11	1	
10	1	1

図 6.6　JK フリップフロップの
　　　　カルノー図

6. フリップフロップ

図6.6よりJKフリップフロップの特性方程式は次式で与えられる。

$$Q_{n+1} = \overline{K}Q_n + J\overline{Q_n} \tag{6.6}$$

JKフリップフロップでは反転動作が導入されているので，もしも連続して$J=K=1$の信号が入力され続けていると，出力信号は反転を繰り返すことになってしまう。したがって，JKフリップフロップでは出力信号が変化するタイミングを制御する必要がある。このタイミングを定めるために**クロックパルス**を用いて，これに同期させて動作させるフリップフロップを**同期型フリップフロップ**という。**図6.7**に同期型フリップフロップを示す。クロックパルスの立上りに反応して動作する方式を**立上りエッジトリガ**，立下りに反応して動作する方式を**立下りエッジトリガ**という。図（a）は立上りエッジトリガ同期型フリップフロップ，図（b）は立下りエッジトリガ同期型フリップフロップである。立下りエッジトリガは立上りエッジトリガの入力パルスを反転させることと等価なので，図（b）のクロックパルス入力端子には否定の記号がついている。立上りエッジトリガ同期型JKフリップフロップの動作例を**図6.8**に示す。図において横軸は時刻tを表す。

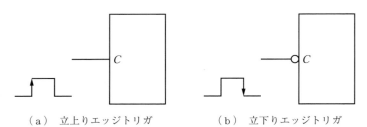

（a）立上りエッジトリガ　　　（b）立下りエッジトリガ

図6.7　同期型フリップフロップ

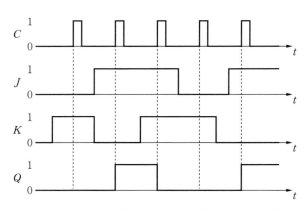

図6.8　立上りエッジトリガ同期型
　　　　JKフリップフロップの動作例

6.2 JKフリップフロップ

【例題 6.2】
　立上りエッジトリガ同期型 JK フリップフロップに**図 6.9**のような信号が入力されたときの出力波形（Q）を描け。ただし，Q の初期値は 0 とする。

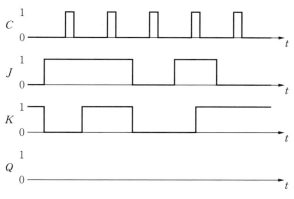

図 6.9　JK フリップフロップの入力波形

解
　C の最初の立上り時において，$(J, K) = (1, 0)$ なので，セットされ $Q=1$ となる。つぎの C の立上り時には $(J, K) = (1, 1)$ なので，反転し $Q=0$ となる。以下同様に C の立上り時に J，K を判定し，Q を求めると**図 6.10** のようになる。

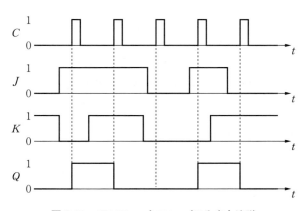

図 6.10　JK フリップフロップの入出力波形　◆

6.3 Tフリップフロップ

T フリップフロップは入力 T が1になるたびに状態が反転するフリップフロップである。T フリップフロップの T は trigger（または toggle）の意味である。**表 6.5**, **表 6.6** に T フリップフロップの特性表を示す。表 6.5 中の空欄を埋めてみよう。

表 6.5　Tフリップフロップの特性表

T	Q_n	Q_{n+1}
0	0	
0	1	
1	0	
1	1	

表 6.6　Tフリップフロップの特性表

T	Q_{n+1}
0	Q_n
1	$\overline{Q_n}$

表 6.5 より T フリップフロップの特性方程式は次式で表される。

$$Q_{n+1} = \overline{T}Q_n + T\overline{Q_n} \tag{6.7}$$

図 6.11 に T フリップフロップの動作例を示す。図において横軸は時刻 t を表す。

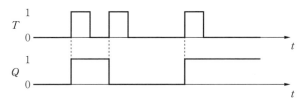

図 6.11　Tフリップフロップの動作例

【例題 6.3】

T フリップフロップに**図 6.12** のような信号が入力されたときの出力波形（Q）を描け。ただし，Q の初期値は 0 とする。

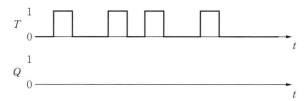

図 6.12　Tフリップフロップの入力波形

解

T が立ち上がるたびに Q は反転する。Q の初期値は 0 であるから**図 6.13** のようになる。

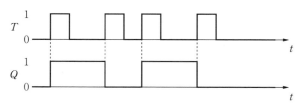

図 6.13 T フリップフロップの入出力波形

6.4 D フリップフロップ

D フリップフロップは 1 ビットのメモリとして動作し，入力信号の論理値をクロックパルスのタイミングで判定し，つぎの新しいクロックパルスが入力されるまでの間，保持している。D フリップフロップの D は delay の意味である。**表 6.7** に D フリップフロップの特性表を示す。表 6.7 中の空欄を埋めてみよう。

表 6.7 D フリップフロップの特性表

D	Q_{n+1}
0	
1	

表 6.7 より，D フリップフロップの特性方程式は次式で表される。

$$Q_{n+1} = D \tag{6.8}$$

図 6.14 に D フリップフロップの動作例を示す。図において横軸は時刻 t を表す。

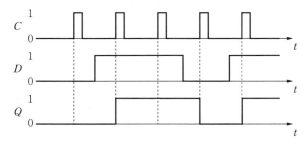

図 6.14 D フリップフロップの動作例

【例題 6.4】

Dフリップフロップに**図 6.15** のような信号が入力されたときの出力波形（Q）を描け。ただし，Q の初期値は 0 とする。

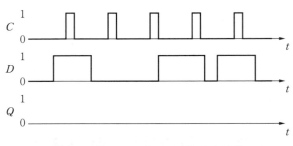

図 6.15 Dフリップフロップの入力波形

解　最初の C の立上り時において $D=1$ なので $Q=1$ となる。つぎの C の立上り時において $D=0$ なので $Q=0$ となる。以下同様に C の立上り時の D を判定して Q を求めると**図 6.16** のようになる。

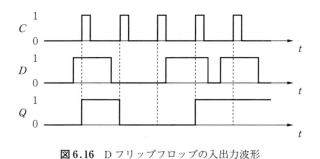

図 6.16 Dフリップフロップの入出力波形　　◆

演習問題

【6.1】 JKフリップフロップを用いてTフリップフロップおよびDフリップフロップと等価な回路の回路図を描け。

【6.2】 **図 6.17** のようにDフリップフロップを2個接続した回路に，**図 6.18** のような信号を入力したときの出力信号 Q_0, Q_1 を描け。ただし，Q_0, Q_1 の初期値はどちらも0とする。

演　習　問　題　99

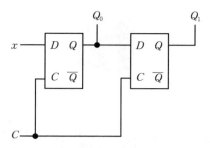

図 6.17　回路図

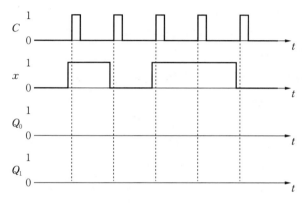

図 6.18　入力信号

7

順序論理回路

カウンタでは過去の入力値を記憶しておく必要がある．このように現時点の入力だけではなく，過去の時点の入力の影響も受けながら，現時点の出力が決まる回路を順序論理回路という．順序論理回路は，フリップフロップのもつ演算と記憶の機能を，必要に応じて組合せ論理回路で補強することにより，構成できる．本章では最初に順序論理回路の動作を表す表現方法として，状態遷移図と状態遷移表について学ぶ．状態遷移図や状態遷移表は信号処理を学ぶうえで，いろいろな場面で用いられる重要なツールである．さらに，前章で学んだフリップフロップを用いて，順序論理回路の設計法について学ぶ．最後にカウンタ，シフトレジスタなどのさまざまな順序論理回路について学ぶ．

7.1 順序論理回路動作の表現法

入力信号として1が何回入力されたか数えるカウンタのように，現時点の入力だけではなく，過去の時点の入力の影響も受けながら，現時点の出力が決まる回路を**順序論理回路**という．順序論理回路の動作を表すために，過去の入力によって決定される**状態**という概念を導入する．例えば，1が何回入力されたか数えるカウンタの場合には過去に1が入力された回数を状態とすればよい．順序論理回路の動作は，現在の状態と入力に対して，つぎの状態と出力を記述することによって表現できる．この動作の表現法として，**状態遷移図**や**状態遷移表**が用いられる．

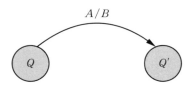

図 7.1　状態遷移図の例

現在の状態が Q であり，A が入力されたときに，B が出力されて，つぎの状態が Q' となる状態遷移図は**図 7.1**，状態遷移表は**表 7.1** のように表される。図 7.1 の状態遷移図と表 7.1 の状態遷移表は同じ動作を表している。

表 7.1 状態遷移表の例

入力	現在の状態	つぎの状態	出力
A	Q	Q'	B
:	:	:	:
:	:	:	:
:	:	:	:

2 進カウンタを例にとって，状態遷移図と状態遷移表を考える。2 進カウンタとは，1 が 2 個入力されると出力が 1 となってリセットされる順序論理回路である。2 進カウンタであるから，0 と 1 の二つの状態を考える。**図 7.2** に 2 進カウンタの状態遷移図を，**表 7.2** に 2 進カウンタの状態遷移表を示す。表 7.2 において，Q の添え字の $n, n+1$ は時点を表す。$n+1$ は n のつぎの時点である。表 7.2 中の空欄を埋めてみよう。

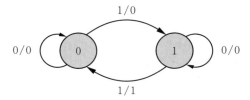

図 7.2 2 進カウンタの状態遷移図

表 7.2 2 進カウンタの状態遷移表

入力 x	現在の状態 Q_n	つぎの状態 Q_{n+1}	出力 z
0	0		
1	0		
0	1		
1	1		

表 7.2 より Q_{n+1} および z は次式で表される。

$$Q_{n+1} = \overline{x} Q_n + x \overline{Q_n} \tag{7.1}$$

$$z = x Q_n \tag{7.2}$$

式 (7.1) のように，つぎの状態 Q_{n+1} を現在の状態 Q_n で表した式は**応用方程式**と呼ばれる。

【例題 7.1】

1が4個入力されると，出力が1となって初期状態に戻る4進カウンタの状態遷移図と状態遷移表を描け．さらに，応用方程式と出力の論理式を求めよ．

解

4進カウンタでは，現時点までに入力された1の個数が0から3の四つの状態が存在する．これら四つの状態を $(Q_{1,n}, Q_{0,n}) = (0,0)$，$(0,1)$，$(1,0)$，$(1,1)$ とする．ここで添え字の n は時点を表す．入力信号を x，出力信号を z とすると，状態遷移図は**図 7.3**，状態遷移表は**表 7.3** のようになる．

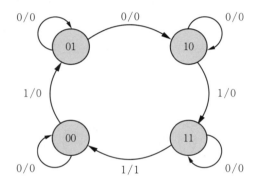

図 7.3 4進カウンタの状態遷移図

表 7.3 4進カウンタの状態遷移表

入力 x	現在の状態 $Q_{1,n}\ Q_{0,n}$	つぎの状態 $Q_{1,n+1}\ Q_{0,n+1}$	出力 z
0	00	00	0
1	00	01	0
0	01	01	0
1	01	10	0
0	10	10	0
1	10	11	0
0	11	11	0
1	11	00	1

状態遷移表より，応用方程式および出力の論理式は以下のようになる．

$$Q_{0,n+1} = x \cdot \overline{Q_{1,n}} \cdot \overline{Q_{0,n}} + \overline{x} \cdot \overline{Q_{1,n}} \cdot Q_{0,n} + x \cdot Q_{1,n} \cdot \overline{Q_{0,n}} + \overline{x} \cdot Q_{1,n} \cdot Q_{0,n}$$

$$Q_{1,n+1} = x \cdot \overline{Q_{1,n}} \cdot Q_{0,n} + \overline{x} \cdot Q_{1,n} \cdot \overline{Q_{0,n}} + x \cdot Q_{1,n} \cdot \overline{Q_{0,n}} + \overline{x} \cdot Q_{1,n} \cdot Q_{0,n}$$

$$z = x \cdot Q_{1,n} \cdot Q_{0,n}$$

$Q_{1,n}Q_{0,n}$ \ x	0	1
00		1
01	1	
11	1	
10		1

（a）　$Q_{0,n+1}$

$Q_{1,n}Q_{0,n}$ \ x	0	1
00		
01		1
11	1	
10	1	1

（b）　$Q_{1,n+1}$

図 7.4　カルノー図

$Q_{0,n+1}$，$Q_{1,n+1}$ のカルノー図はそれぞれ**図 7.4**（a），（b）のようになる。

図 7.4 のカルノー図より，以下の式が得られる。

$$Q_{0,n+1} = \overline{x} \cdot Q_{0,n} + x \cdot \overline{Q_{0,n}}$$

$$Q_{1,n+1} = x \cdot \overline{Q_{1,n}} \cdot Q_{0,n} + \overline{x} \cdot Q_{1,n} + Q_{1,n} \cdot \overline{Q_{0,n}} = (\overline{x} + \overline{Q_{0,n}}) \cdot Q_{1,n} + x \cdot Q_{0,n} \cdot \overline{Q_{1,n}}$$　◆

7.2　順序論理回路の設計

順序論理回路の設計法は以下のとおりである。

順序論理回路の設計法

① 入出力と状態を決め，実現したいアルゴリズムに沿って状態遷移図を描き，さらに状態遷移表を描く。

② 状態遷移表から応用方程式と出力の論理式を求める。

③ フリップフロップの種類を決め，その特性方程式と ② で求めた応用方程式から入力の論理式を求める。

④ 入力と出力の論理式の動作を実現する組合せ論理回路をそれぞれ構成し，フリップフロップに接続して順序論理回路を構成する。

　各フリップフロップの特性は異なるので，③ において，応用方程式から変換されるフリップフロップへの入力の論理式も，用いるフリップフロップによって異なる。まず，T フリップフロップを例にして，応用方程式から入力の論理式を求めてみよう。

　応用方程式は一般に次式で表される。

104　7. 順 序 論 理 回 路

$$Q_{n+1} = \alpha Q_n + \beta \overline{Q_n} \tag{7.3}$$

　Tフリップフロップを適用すると，式 (7.3) の特性表は**表7.4**のようになる。表7.4において，Tの列以外は式 (7.3) から求めることができる。さらに，Tフリップフロップでは，$T=1$のときに状態が反転し，$T=0$のときには状態が反転しないので，各行についてQ_nとQ_{n+1}を比較し，反転していれば$T=1$，反転していなければ$T=0$であるので，Tの列についても求まる。表7.4中の空欄を埋めてみよう。

表7.4　Tフリップフロップを適用
した式 (7.3) の特性表

α	β	Q_n	Q_{n+1}	T
0	0	0	0	
0	0	1	0	
0	1	0	1	
0	1	1	0	
1	0	0	0	
1	0	1	1	
1	1	0	1	
1	1	1	1	

　表7.4より，Tについて得られるカルノー図は**図7.5**になる。

$\alpha\beta$ ＼ Q_n	0	1
00		1
01	1	1
11	1	
10		

図7.5　Tフリップフロップを適用
した式 (7.3) のカルノー図

　図7.5より式 (7.4) が得られる。したがって，式 (7.3) の応用方程式をTフリップフロップで実現するには，Tフリップフロップの入力の論理式として，式 (7.4) を用いればよい。

$$T = \overline{\alpha} \cdot Q_n + \beta \cdot \overline{Q_n} \tag{7.4}$$

【例題 7.2】
"1" が 2 個入力されると出力が "1" となって初期状態に戻る 2 進カウンタを，T フリップフロップを用いて構成せよ。ただし，入力を x とすると 2 進カウンタの出力 z および時刻 $n+1$ における状態 Q_{n+1} は式 (7.2) および式 (7.1) で与えられる。

解

式 (7.1) より

$$Q_{n+1} = \overline{x} Q_n + x \overline{Q_n}$$

となる。この式と式 (7.3) を比較すると

$$\alpha = \overline{x}$$
$$\beta = x$$

となる。したがって，次式が得られる。

$$T = \overline{\alpha} \cdot Q_n + \beta \cdot \overline{Q_n} = x \cdot Q_n + x \cdot \overline{Q_n} = x$$

また，式 (7.2) より $z = x Q_n$ となる。以上より，求める 2 進カウンタの回路図は**図 7.6** のようになる。

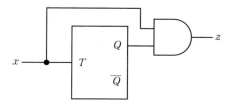

図 7.6 2 進カウンタの回路図 ◆

RS フリップフロップを適用した式 (7.3) の特性表を**表 7.5** に示す。表 7.5 において，S と R の列以外は式 (7.3) から求めることができるので，表 7.4 と同じである。表 6.1 より，$(Q_n, Q_{n+1}) = (0, 0)$ となるのは $(S, R) = (0, 0)$，$(0, 1)$，$(Q_n, Q_{n+1}) = (0, 1)$ となるのは $(S, R) = (1, 0)$，$(Q_n, Q_{n+1}) = (1, 0)$ となるのは $(S, R) = (0, 1)$，$(Q_n, Q_{n+1}) = (1, 1)$ となるのは $(S, R) = (0, 0)$，$(1, 0)$ のときであるので，S と R の列も求めることができる。表 7.5 中の空欄を埋めてみよう。

表 7.5 より，S および R について得られるカルノー図は**図 7.7** (a) および (b) になる。

図 7.7 (a)，(b) より式 (7.5)，(7.6) が得られる。したがって，式 (7.3) の応用方程式を RS フリップフロップで実現するには，RS フリップフロップの入力の論理式として，

106 　7. 順 序 論 理 回 路

表7.5 RSフリップフロップを適用
した式（7.3）の特性表

α	β	Q_n	Q_{n+1}	S	R
0	0	0	0		
0	0	1	0		
0	1	0	1		
0	1	1	0		
1	0	0	0		
1	0	1	1		
1	1	0	1		
1	1	1	1		

$\alpha\beta$ ＼ Q_n	0	1
00		
01	1	
11	1	ϕ
10		ϕ

（a）S

$\alpha\beta$ ＼ Q_n	0	1
00	ϕ	1
01		1
11		
10	ϕ	

（a）R

図7.7 RSフリップフロップを適用した式（7.3）のカルノー図

式（7.5），（7.6）を用いればよい。

$$S = \beta \cdot \overline{Q_n} \tag{7.5}$$

$$R = \overline{\alpha} \cdot Q_n \tag{7.6}$$

【例題7.3】

　RSフリップフロップを用いて，Tフリップフロップと等価な回路の回路図を描け。

解

Tフリップフロップの特性方程式は式（6.7）で表される。

式 (6.7) と式 (7.3) を比較すると

  $\alpha = \overline{T}$

  $\beta = T$

となる。したがって，式 (7.5) より

  $S = \beta \cdot \overline{Q_n} = T \cdot \overline{Q_n}$

が得られる。また，式 (7.6) より

  $R = \overline{\alpha} \cdot Q_n = T \cdot Q_n$

が得られる。以上より，求める回路図は**図 7.8** のようになる。

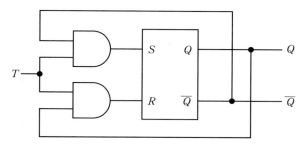

図 7.8　RS フリップフロップを用いた T フリップフロップの回路図　 ◆

 JK フリップフロップを適用した式 (7.3) の特性表を**表 7.6** に示す。表 7.6 において，J と K の列以外は式 (7.3) から求めることができるので，表 7.4 と同じである。表 7.6 において，表 6.3 より，$(Q_n, Q_{n+1}) = (0, 0)$ となるのは $(J, K) = (0, 0)$，$(0, 1)$，$(Q_n, Q_{n+1}) = (0, 1)$ となるのは $(J, K) = (1, 1)$，$(1, 0)$，$(Q_n, Q_{n+1}) = (1, 0)$ となるのは $(J, K) = (1, 1)$，$(0, 1)$，$(Q_n, Q_{n+1}) = (1, 1)$ となるのは $(J, K) = (0, 0)$，$(1, 0)$ のときであるので，J と K の列

表 7.6　JK フリップフロップを適用
した式 (7.3) の特性表

α	β	Q_n	Q_{n+1}	J	K
0	0	0	0		
0	0	1	0		
0	1	0	1		
0	1	1	0		
1	0	0	0		
1	0	1	1		
1	1	0	1		
1	1	1	1		

も求めることができる。表7.6中の空欄を埋めてみよう。

表7.6より，JおよびKについて得られるカルノー図は**図7.9**（a）および（b）になる。

図7.9（a），（b）より式（7.7），（7.8）が得られる。したがって，式（7.3）の応用方程式をJKフリップフロップで実現するには，JKフリップフロップの入力の論理式として，式（7.7），（7.8）を用いればよい。

$$J = \beta \tag{7.7}$$

$$K = \overline{\alpha} \tag{7.8}$$

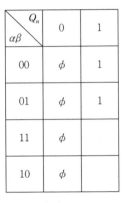

図7.9 JKフリップフロップを適用した式（7.3）のカルノー図

【例題 7.4】

JKフリップフロップを用いて，Tフリップフロップと等価な回路の回路図を描け。

解

Tフリップフロップの特性方程式は式（6.7）で表される。

式（6.7）と式（7.3）を比較すると

$$\alpha = \overline{T}$$

$$\beta = T$$

となる。したがって，式（7.7）より

$$J = \beta = T$$

が得られる。また，式（7.8）より

$$K = \overline{\alpha} = T$$

が得られる。ところで，JKフリップフロップはクロックに同期して動作するので，クロッ

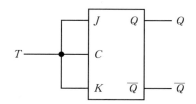

図 7.10 JK フリップフロップを用いた T フリップフロップの回路図

クにも入力しなければならないことに留意すると，求める回路図は**図 7.10** のようになる。図 7.10 の回路は，演習問題【6.1】の回路と動作が一致することは容易に確認できる。　◆

D フリップフロップを適用した式 (7.3) の特性表を**表 7.7** に示す。表 7.7 において，D の列以外は式 (7.3) から求めることができるので，表 7.4 と同じである。表 6.7 より，$Q_{n+1}=0$ となるのは $D=0$ のとき，$Q_{n+1}=1$ となるのは $D=1$ のときであるので D 列も求めることができる。表 7.7 中の空欄を埋めてみよう。

表 7.7 D フリップフロップを適用した式 (7.3) の特性表

α	β	Q_n	Q_{n+1}	D
0	0	0	0	
0	0	1	0	
0	1	0	1	
0	1	1	0	
1	0	0	0	
1	0	1	1	
1	1	0	1	
1	1	1	1	

表 7.7 より，D について得られるカルノー図は**図 7.11** になる。

図 7.11 より式 (7.9) が得られる。したがって，式 (7.3) の応用方程式を D フリップフロップで実現するには，D フリップフロップの入力の論理式として，式 (7.9) を用いればよい。

$$D = \alpha \cdot Q_n + \beta \cdot \overline{Q_n} \tag{7.9}$$

110   7. 順序論理回路

Q_n \ $\alpha\beta$	0	1
00		
01	1	
11	1	1
10		1

図 7.11 D フリップフロップを適用した
式 (7.3) のカルノー図

【例題 7.5】
　　D フリップフロップを用いて，JK フリップフロップと等価な回路の回路図を描け。

解

JK フリップフロップの特性方程式は式 (6.6) で表される。

式 (6.6) と式 (7.3) を比較すると

$\alpha = \overline{K}$

$\beta = J$

となる。したがって，式 (7.9) より

$D = \alpha \cdot Q_n + \beta \cdot \overline{Q_n} = \overline{K} \cdot Q_n + J \cdot \overline{Q_n}$

となる。ところで，D フリップフロップも JK フリップフロップもクロックに同期して動作するので，クロックにも入力しなければならないことに留意すると，求める回路図は**図**

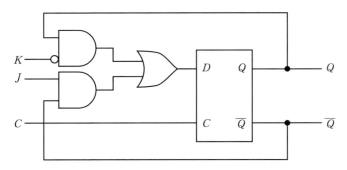

図 7.12 D フリップフロップを用いた JK フリップフロップの回路図

7.12 のようになる。

7.3 さまざまな順序論理回路

7.3.1 リプルカウンタ

Tフリップフロップにおいては，入力 T が "1" となるたびに出力が反転するので，2個の "1" が入力されると初期状態に戻る。すなわち，Tフリップフロップはそれ自体が2進カウンタである。したがって，Tフリップフロップを n 段接続すると 2^n 進カウンタとなる。このようなカウンタを**リプルカウンタ**という。**図 7.13** に8進リプルカウンタの回路図を示す。ここで，図中のTフリップフロップは立上りエッジトリガ型Tフリップフロップである。

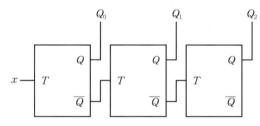

図 7.13 8進リプルカウンタの回路図

【例題 7.6】

図 7.13 の8進リプルカウンタの x に**図 7.14** のような信号が入力されたときの Q_0，Q_1，Q_2 の波形を描け。ただし，Q_0，Q_1，Q_2 の初期値は0とする。

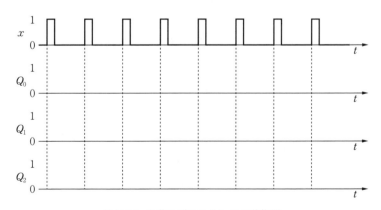

図 7.14 8進リプルカウンタの動作例

解

Q の立下りが $\overline{Q}$ の立上りとなることに留意し，T への入力信号の立上り時に Q が反転するので図 **7.15** のようになる。

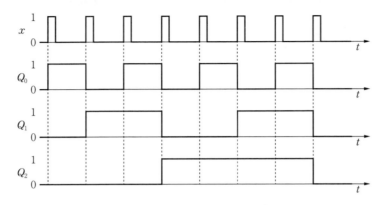

図 **7.15** 8 進リプルカウンタの動作例 ◆

7.3.2 並列型カウンタ

リプルカウンタでは，前段までのすべてのフリップフロップの動作が完了してからでなければ各フリップフロップは動作を開始しない。したがって，フリップフロップの段数が増加すると全体の動作時間が増大し，カウント動作の速度が遅くなる。この問題を解決するために，入力信号 x が入力されると同時にすべてのフリップフロップが動作を開始するようにしたのが**並列型カウンタ**である。リプルカウンタにおいて Q_{n-1} が初めて "1" になるのは，$Q_{n-2}Q_{n-3}\cdots Q_1Q_0$ が "11$\cdots$11" となったつぎの入力 x によってである。したがって，各段の T フリップフロップの入力として，前段までのすべての T フリップフロップの出力 $\overline{Q}$ と入力 x の AND を用いれば各段の T フリップフロップは入力 x と同時に動作を開始することができる。これが並列カウンタの原理である。図 **7.16** に 16 進並列型カウンタの回路図を示す。

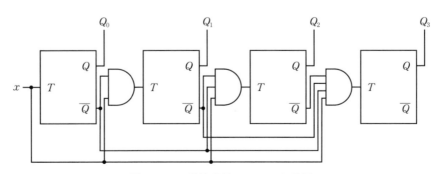

図 **7.16** 16 進並列型カウンタの回路図

7.3.3 レジスタ

信号を一時的に記憶する回路を**レジスタ**という．レジスタの一種であり，直並列変換回路に用いられる回路に**シフトレジスタ**がある．Dフリップフロップをn段接続することにより，n段シフトレジスタを実現できる．**図7.17**にn段シフトレジスタの回路図を示す．シフトレジスタでは，クロックパルスが印加されるたびに，入力信号は順次右へとシフトされる．

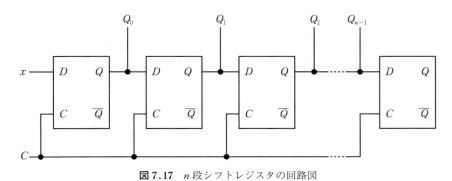

図7.17 n段シフトレジスタの回路図

演習問題

【7.1】 "1"が2個連続して入力されると出力が"1"となって初期状態に戻る2進カウンタの回路図を，Tフリップフロップを用いて描け．

【7.2】 "1"が4個入力されると出力が"1"となって初期状態に戻る4進カウンタの回路図をTフリップフロップを用いて描け．

【7.3】 **図7.18**のカウンタのxに**図7.19**のような信号が入力されたときのQ_0，Q_1，Q_2の波形を描け．ただし，Q_0，Q_1，Q_2の初期値はすべて1とする．

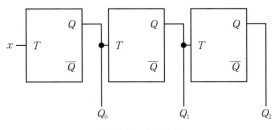

図7.18 回路図

7. 順序論理回路

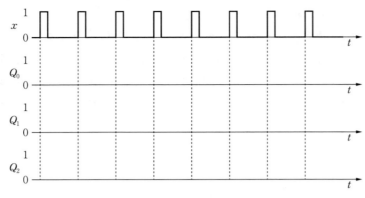

図 7.19 入力信号

参 考 文 献

1） 宮田武雄：速解 論理回路，コロナ社（1987）

2） 浜辺隆二：論理回路入門（第3版），森北出版（2015）

3） 堀桂太郎：ディジタル電子回路の基礎，東京電機大学出版局（2003）

4） 岩本洋，堀桂太郎：絵とき ディジタル回路入門早わかり，オーム社（2002）

演習問題解答

1章

【1.1】 8 kHz で標本化すると，標本化周期は

$$\frac{1}{8 \times 10^3} = 1.25 \times 10^{-4} \text{〔s〕}$$

である。7 ビット量子化し，1 ビットの制御信号を付加するので，1.25×10^{-4}〔s〕ごとに，8 ビット伝送することになる。したがって伝送速度は，次式のようになる。

$$\frac{8}{1.25 \times 10^{-4}} = 6.4 \times 10^4 \text{〔bit/s〕} = 64 \text{〔kbit/s〕}$$

【1.2】

```
2)90                       0.625
2)45…0 ←── LSB            ×    2
2)22…1                    1.250 …整数部1 ←── 小数第1位
2)11…0                    ×    2
2) 5…1                    0.500 …整数部0
2) 2…1                    ×    2
2) 1…0                    1.000 …整数部1 ←── 小数第3位
   0…1 ←── MSB
```

$$90.625_{(10)} = 1011010.101_{(2)}$$

【1.3】

```
    01011111
+   11100010
   ─────────
    01000001
```

2章

【2.1】

$$01111000_{(BCD)} = 78_{(10)}$$
$$00011001_{(BCD)} = 19_{(10)}$$
$$78_{(10)} + 19_{(10)} = 97_{(10)}$$
$$01111000_{(BCD)} + 00011001_{(BCD)} = 10010111_{(BCD)}$$

【2.2】 2 進数で信号点を配置したときのビット誤り率を p_2，グレイ符号で信号点を配置したときのビット誤り率を p_G とする。QPSK では 1 シンボル当り 2 ビット送信できる。2 進数で信号点を配置したときには，シンボル誤りが発生したときに，1/2 の確率で 1 ビット誤りとなり，1/2 の確率で 2 ビット誤りとなるので

演 習 問 題 解 答　　117

$$p_2 = \frac{1}{2}\left(\frac{1}{2}p + \frac{2}{2}p\right) = \frac{3}{4}p$$

となる。一方，グレイ符号で信号点を配置したときには，シンボル誤りが発生したときに，1ビット誤りが発生するので，次式のようになる。

$$p_G = \frac{p}{2}$$

【2.3】
（1）　式 (2.13)～(2.15) より
$$c_0 = x_0 \oplus x_1 \oplus x_2 = 1 \oplus 1 \oplus 1 = 1$$
$$c_1 = x_1 \oplus x_2 \oplus x_3 = 1 \oplus 1 \oplus 0 = 0$$
$$c_2 = x_0 \oplus x_1 \oplus x_3 = 1 \oplus 1 \oplus 0 = 0$$

となる。したがって $\boldsymbol{w} = (1, 1, 1, 0, 1, 0, 0)$ に符号化される。

（2）　2ビット目と3ビット目が誤ると受信符号は
$$\boldsymbol{y} = (1, 0, 0, 0, 1, 0, 0)$$

となる。誤りシンドローム $\boldsymbol{s}$ は

$$\boldsymbol{s} = \boldsymbol{y}H^T = \begin{pmatrix} 1 & 0 & 0 & 0 & 1 & 0 & 0 \end{pmatrix}\begin{pmatrix} 1 & 0 & 1 \\ 1 & 1 & 1 \\ 1 & 1 & 0 \\ 0 & 1 & 1 \\ 1 & 0 & 0 \\ 0 & 1 & 0 \\ 0 & 0 & 1 \end{pmatrix}$$

$$= (1 \oplus 0 \oplus 0 \oplus 0 \oplus 1 \oplus 0 \oplus 0 \quad 0 \oplus 0 \oplus 0 \oplus 0 \oplus 0 \oplus 0 \oplus 0 \quad 1 \oplus 0 \oplus 0 \oplus 0 \oplus 0 \oplus 0 \oplus 0)$$

$$= (0 \quad 0 \quad 1)$$

となる。ただし，H は検査行列である。

誤りシンドローム $\boldsymbol{s}$ と検査行列 H の各列を比較すると，7列目と一致していることがわかる。したがって，誤りパターン $\boldsymbol{e}$ は次式で表される。

$$\boldsymbol{e} = (0\ 0\ 0\ 0\ 0\ 0\ 1)$$

したがって復号後の符号 $\boldsymbol{z}$ は

$$\boldsymbol{z} = (z_0, z_1, z_2, z_3, z_4, z_5, z_6)$$
$$= \boldsymbol{y} \oplus \boldsymbol{e}$$
$$= (1 \oplus 0, 0 \oplus 0, 0 \oplus 0, 0 \oplus 0, 1 \oplus 0, 0 \oplus 0, 0 \oplus 1)$$
$$= (1, 0, 0, 0, 1, 0, 1)$$

となる。一方，送信符号は $\boldsymbol{w} = (1, 1, 1, 0, 1, 0, 0)$ であるから，2ビット目，3ビット目，7ビット目の3個のビットが誤っている。

【2.4】　(7,4) ハミング符号では1ワード（7ビット）中1ビットの誤りであれば訂正可能であるので，(7,4) ハミング符号を適用したときのワード誤り率 p_w は次式で与えられる。

118   演 習 問 題 解 答

$$p_w = 1 - (1-p)^7 - 7p(1-p)^6$$

$$\cong 1 - (1 - 7p + 21p^2) - 7p(1 - 6p) = 21p^2$$

ワード誤りとなるのは7ビット中2ビット誤りが発生しているときが支配的であると考えられる。このとき誤訂正によって1ワード中3ビット誤りが発生する。したがってハミング符号を適用したときの，ビット誤り率 p_h は次式で近似できる。

$$p_h \cong \frac{3}{7} p_w \cong \frac{3}{7} \cdot 21p^2 = 9p^2$$

3章

【3.1】

$$\overline{A + B + C} = \overline{(A+B)} \cdot \overline{C} = \overline{A} \cdot \overline{B} \cdot \overline{C}$$

$$\overline{A \cdot B \cdot C} = \overline{A \cdot B} + \overline{C} = \overline{A} + \overline{B} + \overline{C}$$

【3.2】

（1）　$A + B \cdot C \cdot D = (A+B)(A+C)(A+D)$

（2）　$A(A+B)(A+C) = A$

【3.3】

（1）　主加法標準形

$$F(A, B, C) = B + \overline{A} \cdot C$$

$$= (A + \overline{A}) \cdot B \cdot (C + \overline{C}) + \overline{A} \cdot (B + \overline{B}) \cdot C$$

$$= A \cdot B \cdot C + A \cdot B \cdot \overline{C} + \overline{A} \cdot B \cdot C + \overline{A} \cdot B \cdot \overline{C} + \overline{A} \cdot B \cdot C + \overline{A} \cdot \overline{B} \cdot C$$

$$= A \cdot B \cdot C + A \cdot B \cdot \overline{C} + \overline{A} \cdot B \cdot C + \overline{A} \cdot B \cdot \overline{C} + \overline{A} \cdot \overline{B} \cdot C$$

　　　主乗法標準形

$$F(A, B, C) = B + \overline{A} \cdot C$$

$$= (B + \overline{A})(B + C)$$

$$= (\overline{A} + B + \overline{C} \cdot C)(\overline{A} \cdot A + B + C)$$

$$= (\overline{A} + B + \overline{C})(\overline{A} + B + C)(\overline{A} + B + C)(A + B + C)$$

$$= (\overline{A} + B + \overline{C})(\overline{A} + B + C)(A + B + C)$$

（2） 主加法標準形

$$F(A, B, C) = A \cdot B + (\overline{A} + C)(\overline{B} + C)$$

$$= A \cdot B + \overline{A} \cdot \overline{B} + \overline{A} \cdot C + \overline{B} \cdot C + C$$

$$= A \cdot B + \overline{A} \cdot \overline{B} + C(\overline{A} + \overline{B} + 1)$$

$$= A \cdot B + \overline{A} \cdot \overline{B} + C$$

$$= A \cdot B \cdot (C + \overline{C}) + \overline{A} \cdot \overline{B} \cdot (C + \overline{C}) + (A + \overline{A}) \cdot (B + \overline{B}) \cdot C$$

$$= A \cdot B \cdot C + A \cdot B \cdot \overline{C} + \overline{A} \cdot \overline{B} \cdot C + \overline{A} \cdot \overline{B} \cdot \overline{C} + A \cdot B \cdot C + A \cdot \overline{B} \cdot C$$

$$\quad + \overline{A} \cdot B \cdot C + \overline{A} \cdot \overline{B} \cdot C$$

$$= A \cdot B \cdot C + A \cdot B \cdot \overline{C} + \overline{A} \cdot \overline{B} \cdot C + \overline{A} \cdot \overline{B} \cdot \overline{C} + A \cdot \overline{B} \cdot C + \overline{A} \cdot B \cdot C$$

主乗法標準形

$$F(A, B, C) = A \cdot B + (\overline{A} + C)(\overline{B} + C)$$

$$= (\overline{A} + C + A \cdot B)(\overline{B} + C + A \cdot B)$$

$$= (\overline{A} + C + A)(\overline{A} + C + B)(\overline{B} + C + A)(\overline{B} + C + B)$$

$$= (\overline{A} + B + C)(A + \overline{B} + C)$$

（3） 主加法標準形

$$F(A, B) = A \oplus B = A \cdot \overline{B} + \overline{A} \cdot B$$

主乗法標準形

$$F(A, B) = A \oplus B$$

$$= A \cdot \overline{B} + \overline{A} \cdot B$$

$$= (A \cdot \overline{B} + \overline{A})(A \cdot \overline{B} + B)$$

$$= (A + \overline{A})(\overline{B} + \overline{A})(A + B)(\overline{B} + B)$$

$$= (\overline{A} + \overline{B})(A + B)$$

（4） 主加法標準形

$$F(A, B, C) = A \oplus B \oplus C = (A \cdot \overline{B} + \overline{A} \cdot B) \oplus C$$

$$= (A \cdot \overline{B} + \overline{A} \cdot B) \cdot \overline{C} + \overline{(A \cdot \overline{B} + \overline{A} \cdot B)} \cdot C$$

$$= A \cdot \overline{B} \cdot \overline{C} + \overline{A} \cdot B \cdot \overline{C} + \overline{A \cdot \overline{B}} \cdot \overline{\overline{A} \cdot B} \cdot C$$

$$= A \cdot \overline{B} \cdot \overline{C} + \overline{A} \cdot B \cdot \overline{C} + (\overline{A} + B) \cdot (A + \overline{B}) \cdot C$$

$$= A \cdot \overline{B} \cdot \overline{C} + \overline{A} \cdot B \cdot \overline{C} + \overline{A} \cdot A \cdot C + \overline{A} \cdot \overline{B} \cdot C + B \cdot A \cdot C + B \cdot \overline{B} \cdot C$$

$$= A \cdot \overline{B} \cdot \overline{C} + \overline{A} \cdot B \cdot \overline{C} + \overline{A} \cdot \overline{B} \cdot C + A \cdot B \cdot C$$

主乗法標準形

$F(A,B,C) = A \oplus B \oplus C$

$= A \cdot \overline{B} \cdot \overline{C} + \overline{A} \cdot B \cdot \overline{C} + \overline{A} \cdot \overline{B} \cdot C + A \cdot B \cdot C$

$= (A \cdot \overline{B} \cdot \overline{C} + \overline{A} \cdot B \cdot \overline{C} + \overline{A} \cdot \overline{B} \cdot C + A)(A \cdot \overline{B} \cdot \overline{C} + \overline{A} \cdot B \cdot \overline{C} + \overline{A} \cdot \overline{B} \cdot C + B)$
$\cdot (A \cdot \overline{B} \cdot \overline{C} + \overline{A} \cdot B \cdot \overline{C} + \overline{A} \cdot \overline{B} \cdot C + C)$

$= (A \cdot \overline{B} \cdot \overline{C} + \overline{A} \cdot B \cdot \overline{C} + \overline{A} + A)(A \cdot \overline{B} \cdot \overline{C} + \overline{A} \cdot B \cdot \overline{C} + \overline{B} + A)(A \cdot \overline{B} \cdot \overline{C} + \overline{A} \cdot B \cdot \overline{C} + C + A)$
$\cdot (A \cdot \overline{B} \cdot \overline{C} + \overline{A} \cdot B \cdot \overline{C} + \overline{A} + B)(A \cdot \overline{B} \cdot \overline{C} + \overline{A} \cdot B \cdot \overline{C} + \overline{B} + B)(A \cdot \overline{B} \cdot \overline{C} + \overline{A} \cdot B \cdot \overline{C} + C + B)$
$\cdot (A \cdot \overline{B} \cdot \overline{C} + \overline{A} \cdot B \cdot \overline{C} + \overline{A} + C)(A \cdot \overline{B} \cdot \overline{C} + \overline{A} \cdot B \cdot \overline{C} + \overline{B} + C)(A \cdot \overline{B} \cdot \overline{C} + \overline{A} \cdot B \cdot \overline{C} + C + C)$

$= (A \cdot \overline{B} \cdot \overline{C} + \overline{A} \cdot B \cdot \overline{C} + A + \overline{B})(A \cdot \overline{B} \cdot \overline{C} + \overline{A} \cdot B \cdot \overline{C} + A + C)$
$\cdot (A \cdot \overline{B} \cdot \overline{C} + \overline{A} \cdot B \cdot \overline{C} + \overline{A} + B)(A \cdot \overline{B} \cdot \overline{C} + \overline{A} \cdot B \cdot \overline{C} + B + C)$
$\cdot (A \cdot \overline{B} \cdot \overline{C} + \overline{A} \cdot B \cdot \overline{C} + \overline{A} + C)(A \cdot \overline{B} \cdot \overline{C} + \overline{A} \cdot B \cdot \overline{C} + \overline{B} + C)(A \cdot \overline{B} \cdot \overline{C} + \overline{A} \cdot B \cdot \overline{C} + C)$

$= (A \cdot \overline{B} \cdot \overline{C} + \overline{A} + A + \overline{B})(A \cdot \overline{B} \cdot \overline{C} + B + A + \overline{B})(A \cdot \overline{B} \cdot \overline{C} + A + \overline{B} + \overline{C})$
$\cdot (A \cdot \overline{B} \cdot \overline{C} + \overline{A} + A + C)(A \cdot \overline{B} \cdot \overline{C} + B + A + C)(A \cdot \overline{B} \cdot \overline{C} + \overline{C} + A + C)$
$\cdot (A \cdot \overline{B} \cdot \overline{C} + \overline{A} + \overline{A} + B)(A \cdot \overline{B} \cdot \overline{C} + B + \overline{A} + B)(A \cdot \overline{B} \cdot \overline{C} + \overline{C} + \overline{A} + B)$
$\cdot (A \cdot \overline{B} \cdot \overline{C} + \overline{A} + B + C)(A \cdot \overline{B} \cdot \overline{C} + B + B + C)(A \cdot \overline{B} \cdot \overline{C} + \overline{C} + B + C)$
$\cdot (A \cdot \overline{B} \cdot \overline{C} + \overline{A} + \overline{A} + C)(A \cdot \overline{B} \cdot \overline{C} + B + \overline{A} + C)(A \cdot \overline{B} \cdot \overline{C} + \overline{C} + \overline{A} + C)$
$\cdot (A \cdot \overline{B} \cdot \overline{C} + \overline{A} + \overline{B} + C)(A \cdot \overline{B} \cdot \overline{C} + B + \overline{B} + C)(A \cdot \overline{B} \cdot \overline{C} + \overline{C} + \overline{B} + C)$
$\cdot (A \cdot \overline{B} \cdot \overline{C} + \overline{A} + C)(A \cdot \overline{B} \cdot \overline{C} + B + C)(A \cdot \overline{B} \cdot \overline{C} + \overline{C} + C)$

$= (A \cdot \overline{B} \cdot \overline{C} + A + \overline{B} + \overline{C})(A \cdot \overline{B} \cdot \overline{C} + A + B + C)$
$\cdot (A \cdot \overline{B} \cdot \overline{C} + \overline{A} + B)(A \cdot \overline{B} \cdot \overline{C} + \overline{A} + B)(A \cdot \overline{B} \cdot \overline{C} + \overline{A} + B + \overline{C})(A \cdot \overline{B} \cdot \overline{C} + \overline{A} + B + C)$
$\cdot (A \cdot \overline{B} \cdot \overline{C} + B + C)(A \cdot \overline{B} \cdot \overline{C} + \overline{A} + C)(A \cdot \overline{B} \cdot \overline{C} + \overline{A} + B + C)(A \cdot \overline{B} \cdot \overline{C} + \overline{A} + \overline{B} + C)$
$\cdot (A \cdot \overline{B} \cdot \overline{C} + \overline{A} + C)(A \cdot \overline{B} \cdot \overline{C} + B + C)$

$= (A + \overline{B} + \overline{C})(A + B + C)(\overline{A} + B + \overline{C})(\overline{A} + B + C)(A + B + C)$
$\cdot (\overline{B} + \overline{A} + C)(\overline{A} + \overline{B} + C)(\overline{B} + \overline{A} + C)(A + B + C)$

$= (A + B + C)(\overline{A} + B + \overline{C})(\overline{A} + \overline{B} + C)(A + \overline{B} + \overline{C})$

4章

【4.1】 解図 4.1 ~ 4.4 のようになる。

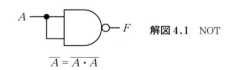

解図 4.1　NOT

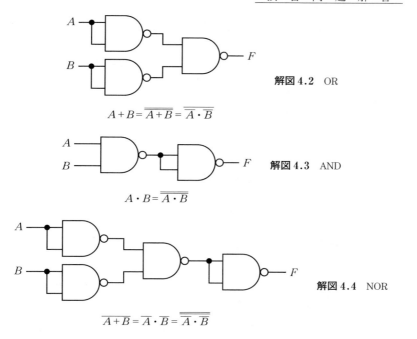

解図 4.2 OR

解図 4.3 AND

解図 4.4 NOR

【4.2】

・カルノー図を用いる方法

カルノー図は**解図 4.5**のようになる。

CD\AB	00	01	11	10
00				
01		1	1	
11		1	1	
10			1	1

解図 4.5 カルノー図

解図 4.5 のカルノー図より次式が得られる。

$$F = BD + A\overline{B}C$$

・クワイン・マクラスキの方法

与えられた式を主加法標準展開すると次式となる。

$$F = A \cdot \overline{B} \cdot C \cdot \overline{D} + \overline{A} \cdot B \cdot C \cdot D + \overline{A} \cdot B \cdot \overline{C} \cdot D + A \cdot B \cdot \overline{C} \cdot D + A \cdot B \cdot C \cdot D + A \cdot \overline{B} \cdot C \cdot D$$

主加法標準展開により得られた最小項を圧縮すると**解図 4.6**のようになる。

122　演習問題解答

```
  最小項           第一次圧縮        第二次圧縮
A·B̄·C·D̄ ─────┐ ┌─ AB̄C ──────────── BD
A̅·B·C·D ─────┼─┼─ A̅BD ──────────── BD
A̅·B·C̄·D ─────┼─┼─ BCD
A̅·B·C̄·D ─────┼─┼─ BC̄D
A·B·C̄·D ─────┼─┼─ ABD
A·B·C·D ─────┼─┘  ACD
A·B̄·C·D ─────┘
```

解図 4.6　最小項の圧縮

解図 4.6 より得られた主項は次式のようになる。

$\quad F = BD + A\overline{B}C + ACD$

最小項と主項の関係は**解表 4.1** のようになる。

解表 4.1　最小項と主項の関係

主項＼最小項	$A\overline{B}C\overline{D}$	$\overline{A}BCD$	$\overline{A}B\overline{C}D$	$AB\overline{C}D$	$ABCD$	$A\overline{B}CD$
BD		◎	◎	◎	○	
$A\overline{B}C$	◎					○
ACD					○	○

したがって，求める簡単化した式は次式のようになる。

$\quad F = BD + A\overline{B}C$

上式から得られる回路図は，**解図 4.7** のようになる。

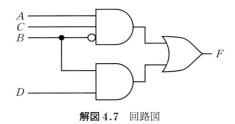

解図 4.7　回路図

【4.3】　与えられた式を否定し，ド・モルガンの定理を適用する。

$\quad \overline{F} = \overline{(A+B+C+D)(A+B+C+\overline{D})(A+\overline{B}+C)(\overline{A}+C+\overline{D})}$

$\quad \phantom{\overline{F}} = \overline{(A+B+C+D)} + \overline{(A+B+C+\overline{D})} + \overline{(A+\overline{B}+C)} + \overline{(\overline{A}+C+\overline{D})}$

$\quad \phantom{\overline{F}} = \overline{A}\,\overline{B}\,\overline{C}\,\overline{D} + \overline{A}\,\overline{B}\,\overline{C}D + \overline{A}B\overline{C} + A\overline{C}D$

上式のカルノー図は**解図 4.8** のようになる。

CD\AB	00	01	11	10
00	1	1		
01	1	1		
11		1		
10		1		

解図 4.8 カルノー図

解図 4.8 のカルノー図より次式のように簡単化できる。
$$\overline{F} = \overline{A}\,\overline{C} + \overline{C}D$$
上式の両辺を否定し，ド・モルガンの定理を適用することにより，以下のように簡単化した乗法形の式が得られる。
$$F = \overline{\overline{A}\,\overline{C} + \overline{C}D}$$
$$= \overline{\overline{A}\,\overline{C}} \cdot \overline{\overline{C}D}$$
$$= (A+C)(C+\overline{D})$$

上式より求める回路図は**解図 4.9** のようになる。

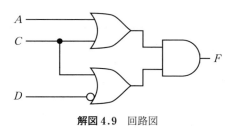

解図 4.9 回路図

5章

【5.1】【例題 5.2】より全加算回路の回路図は半加算回路（HA）を用いて図 5.4 のように表される。これより図 5.8 の全加算回路を半加算回路を用いて表すことにより**解図 5.1** のようになる。

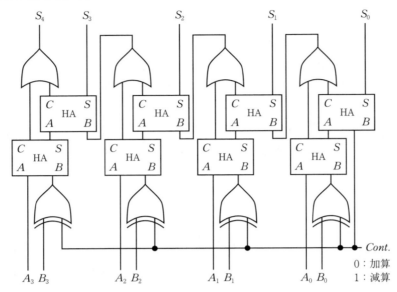

解図 5.1　4 ビット加減算回路

【5.2】　1 の補数回路は図 5.7 のようになる。2 の補数は 1 の補数に対し，1 を加えればよいので，解図 5.2 のようになる。

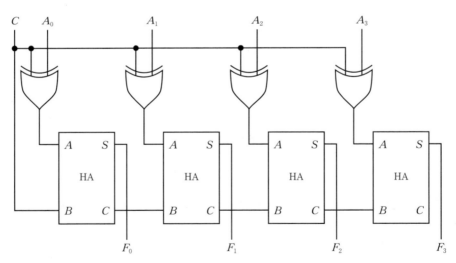

解図 5.2　2 の補数回路

【5.3】　$A_2A_1A_0$ に B_0 を乗じたものと $A_2A_1A_0$ を 1 ビット右にシフトして B_1 を乗じたものの和であるから解図 5.3 のようになる。

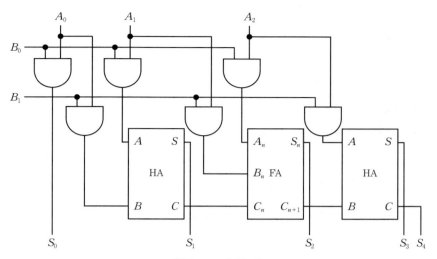

解図 5.3 乗算回路

【5.4】 式 (2.2), (2.3) より 2 進数-グレイ符号エンコーダは**解図 5.4**, 式 (2.4), (2.5) よりグレイ符号-2 進数デコーダは**解図 5.5** のようになる。

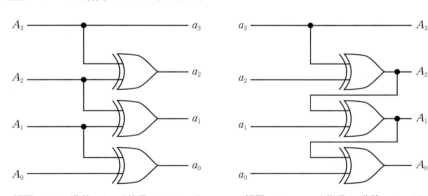

解図 5.4 2 進数-グレイ符号エンコーダ **解図 5.5** グレイ符号-2 進数デコーダ

【5.5】 真理値表は**解表 5.1** のようになる。

解表 5.1 1 ビット比較回路の真理値表

A	B	F_0	F_1	F_2
0	0	0	1	0
0	1	0	0	1
1	0	1	0	0
1	1	0	1	0

126　　　演 習 問 題 解 答

解表 5.1 より出力の論理式は以下のようになる。

$F_0 = A \cdot \overline{B}$

$F_1 = \overline{A} \cdot \overline{B} + A \cdot B$
$ = \overline{A \oplus B} = \overline{A \cdot \overline{B} + \overline{A} \cdot B}$

$F_2 = \overline{A} \cdot B$

以上より求める回路図は**解図** 5.6 のようになる。

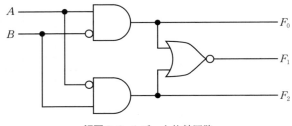

解図 5.6　1 ビット比較回路

6 章

【6.1】 T フリップフロップは**解図** 6.1, D フリップフロップは**解図** 6.2 のようになる。

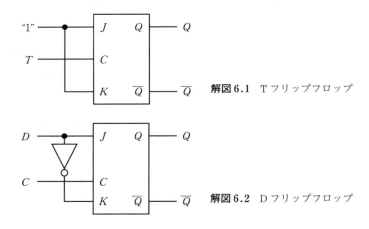

解図 6.1　T フリップフロップ

解図 6.2　D フリップフロップ

【6.2】 x に対して C の立上り時に判定することにより Q_0 を求めることができる。さらに，Q_0 が 2 段目の D フリップフロップに入力するタイミングは 1 段目の D フリップフロップで C が立ち上がるタイミングより遅れることになるので，Q_1 は Q_0 よりも C の 1 クロックパルス分だけ遅れることになる。したがって**解図** 6.3 のようになる。

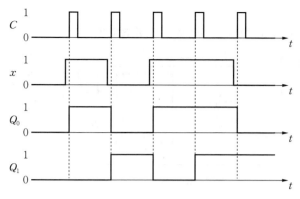

解図 6.3 入出力信号

7章

【7.1】 "1" が 2 個連続して入力されると出力が "1" となって初期状態に戻るので，状態遷移図および状態遷移表は**解図 7.1**，**解表 7.1** のようになる。

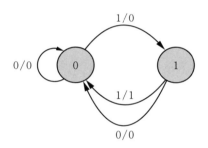

解図 7.1 状態遷移図

解表 7.1 状態遷移表

入力 x	現在の状態 Q_n	つぎの状態 Q_{n+1}	出力 z
0	0	0	0
1	0	1	0
0	1	0	0
1	1	0	1

したがって，2 進カウンタの出力 z および時刻 $n+1$ における状態 Q_{n+1} は次式で与えられる。

$$Q_{n+1} = x\overline{Q_n}$$
$$z = xQ_n$$

$Q_{n+1} = x\overline{Q_n}$ と式 (7.3) を比較すると

$$\alpha = 0, \ \beta = x$$

となる。したがって，式 (7.4) より

$$T = \overline{\alpha} \cdot Q_n + \beta \cdot \overline{Q_n} = Q_n + x \cdot \overline{Q_n}$$

$z = xQ_n$

となる．以上より求める 2 進カウンタの回路図は，**解図 7.2** のようになる．

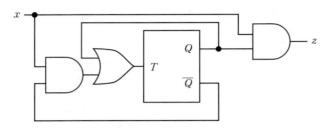

解図 7.2 2 進カウンタの回路図

【7.2】 **【例題 7.1】** より応用方程式は次式のようになる．

$Q_{0,n+1} = \overline{x} \cdot Q_{0,n} + x \cdot \overline{Q_{0,n}}$

$Q_{1,n+1} = x \cdot \overline{Q_{1,n}} \cdot Q_{0,n} + \overline{x} \cdot Q_{1,n} + Q_{1,n} \cdot \overline{Q_{0,n}} = (\overline{x} + \overline{Q_{0,n}}) \cdot Q_{1,n} + x \cdot Q_{0,n} \cdot \overline{Q_{1,n}}$

これらの式と

$Q_{0,n+1} = \alpha_0 \cdot Q_{0,n} + \beta_0 \cdot \overline{Q_{0,n}}$

$Q_{1,n+1} = \alpha_1 \cdot Q_{1,n} + \beta_1 \cdot \overline{Q_{1,n}}$

を比較すると

$\alpha_0 = \overline{x}, \quad \beta_0 = x$

$\alpha_1 = \overline{x} + \overline{Q_{0,n}}, \quad \beta_1 = x \cdot Q_{0,n}$

となる．したがって，式 (7.4) より

$T_0 = \overline{\alpha_0} \cdot Q_{0,n} + \beta_0 \cdot \overline{Q_{0,n}} = x \cdot Q_{0,n} + x \cdot \overline{Q_{0,n}} = x$

$T_1 = \overline{\alpha_1} \cdot Q_{1,n} + \beta_1 \cdot \overline{Q_{1,n}}$

$\quad = \overline{(\overline{x} \cdot Q_{0,n})} \cdot Q_{1,n} + x \cdot Q_{0,n} \cdot \overline{Q_{1,n}}$

$\quad = x \cdot Q_{0,n} \cdot Q_{1,n} + x \cdot Q_{0,n} \overline{Q_{1,n}} = x \cdot Q_{0,n}$

となる．また，**【例題 7.1】** より出力 z の方程式は

$z = x \cdot Q_{1,n} \cdot Q_{0,n}$

であるので，求める回路図は**解図 7.3** のようになる．

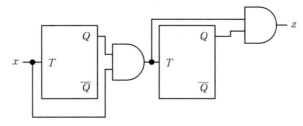

解図 7.3 4 進カウンタの回路図

【7.3】 Q_0, Q_1, Q_2 はそれぞれ x, Q_0, Q_1 が立ち上がるたびに反転するので**解図 7.4** のようになる。

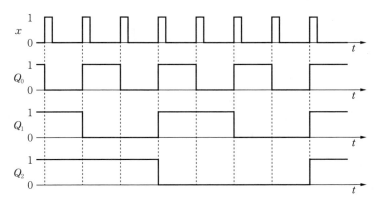

解図 7.4 カウンタの入出力信号

索　　　引

【あ】

アナログ信号	1
誤　り	26
誤りシンドローム	19
誤り制御	18
誤り制御用符号	13
誤り訂正	18
誤りパターン	22

【え】

エンコーダ	67, 79

【お】

応用方程式	101
オーバーフロー	12

【か】

カウンタ	100
加算回路	67
片方向通信	18
加法形	56
加法標準形	40
借　り	8, 75
カルノー図	54, 56

【き】

偽	26
奇数パリティ検査符号	19
キャリー	8, 67
吸収則	31, 33

【く】

偶数パリティ検査符号	19
組合せ論理回路	67, 68
グレイ符号	13, 14, 54
クロックパルス	94
クワイン・マクラスキの方法	
	54, 60

【け】

桁上り	8, 67
結合則	31

検査行列	22
検査ビット	19
減算回路	67

【こ】

交換則	31
事　柄	26

【さ】

最小項	40, 48, 61
再送制御	18
最大項	41, 50, 61
雑　音	1, 3, 14, 18

【し】

時　点	90
シフトレジスタ	100, 113
周波数	2
主加法標準形	39, 48, 50, 51
主加法標準展開	40, 61
主　項	61
主乗法標準形	39, 41, 50, 51
主乗法標準展開	41
出力端子	46
出力変数	47
順序論理回路	100
乗算回路	67, 74
状　態	100
状態遷移図	100
状態遷移表	100
冗長項	59, 81
乗法形	64
情報ビット	19
乗法標準形	41
除算回路	67, 74
真	26
信号点配置図	14
真理値表	27

【す】

水平垂直パリティ検査符号	18, 19

【せ】

生成行列	21
積集合	29
積和形	41, 56
積和標準形	40
セット	89
全加算回路	68
全減算回路	74, 76

【そ】

双対の原理	38
双方向通信	18
相補則	33

【た】

第一次圧縮	61
第三次圧縮	61
第二次圧縮	61
正しい	26
多値 PSK	14
立上りエッジトリガ	94
立下りエッジトリガ	94
単一誤り訂正符号	19
単一パリティ検査符号	19

【ち】

チャネル選択信号	87

【て】

ディジタル信号	1
デコーダ	67, 79
デマルチプレクサ	67, 87
転置行列	23

【と】

ド・モルガンの定理	29, 35
同期型フリップフロップ	94
特性表	90
特性方程式	90
ドントケア項	59

索　　　　　　引　131

【に】

二重否定	32
入力端子	46
入力変数	47

【は】

排他的論理和	16, 28
バッファ	45
ハミング符号	13, 18, 20, 79, 84
ハミング符号エンコーダ	85
ハミング符号デコーダ	86
パリティ検査	19
パリティ検査符号	13, 18
半加算回路	67
半減算回路	75

【ひ】

否　定	28
標本化	1
標本化定理	1, 2
標本値	1

【ふ】

符号化率	20
フリップフロップ	89
ブール代数	26
分解能	2
分配則	31

【へ】

並列型カウンタ	112
べき等則	33
ベン図	29

【ほ】

補集合	29
補　数	10
ボロー	8, 75

【ま】

マルチプレクサ	67, 87

【め】

命　題	26

【り】

リセット	89
リプルカウンタ	111
量子化	2
量子化ステップサイズ	2
量子化平均雑音電力	3

【れ】

レジスタ	113

【ろ】

論理回路記号	45
論理学	26
論理関数	26
論理積	26
論理和	27

【わ】

和集合	29
和積形	42, 64
和積標準形	41

【A】

AND 論理	26
ARQ	18
automatic repeat request	18

【B】

BCD-10 進デコーダ	81
BCD 符号	13, 79
binary coded decimal code	13

【D】

D フリップフロップ	97, 109, 110

【E】

E-OR	28

【F】

FEC	18
forward error correction	18

【J】

JK フリップフロップ	92, 107, 110

【L】

least significant bit	5
least significant digit	5
LSB	5
LSD	5

【M】

most significant bit	5
most significant digit	5
MSB	5
MSD	5

【N】

NAND	28
NOR	28
NOT 論理	28

【O】

OR 論理	27

【P】

phase shift keying	14
PSK	14

【Q】

QPSK	14
quadrature phase shift keying	14

【R】

RS フリップフロップ	89, 105

【T】

T フリップフロップ	96, 103, 104, 106, 111

【数字】

1 の補数	10
2 進化 10 進符号	13
2 進カウンタ	101
2 進数	4
2 値	26
2 の補数	10
10 進数	4
10 進-BCD エンコーダ	79
16 進数	4

―― 著者略歴 ――
1986年 東北大学理学部物理学科卒業
1988年 東北大学大学院理学研究科博士前期課程修了（物理学専攻）
1988年 日本電信電話株式会社勤務
2001年 博士（工学）（東北大学）
2001年 東北大学大学院助教授
2007年 東北大学大学院准教授
2009年 東北工業大学教授
　　　　現在に至る

論理回路講義ノート
Notebook of Logical Circuit
© Eisuke Kudoh 2018

2018年9月20日　初版第1刷発行　　　　　　　　　　　　　★

	著　者	工　藤　栄　亮
検印省略	発行者	株式会社　コロナ社
	代表者	牛来真也
	印刷所	萩原印刷株式会社
	製本所	有限会社　愛千製本所

112-0011　東京都文京区千石4-46-10
発行所　株式会社　コロナ社
CORONA PUBLISHING CO., LTD.
Tokyo Japan
振替 00140-8-14844・電話(03)3941-3131(代)
ホームページ http://www.coronasha.co.jp

ISBN 978-4-339-00913-2　C3055　Printed in Japan　　　　　（齋藤）

〈出版者著作権管理機構　委託出版物〉
本書の無断複製は著作権法上での例外を除き禁じられています。複製される場合は，そのつど事前に，
出版者著作権管理機構（電話 03-3513-6969，FAX 03-3513-6979，e-mail: info@jcopy.or.jp）の許諾を
得てください。

本書のコピー，スキャン，デジタル化等の無断複製・転載は著作権法上での例外を除き禁じられています。
購入者以外の第三者による本書の電子データ化及び電子書籍化は，いかなる場合も認めていません。
落丁・乱丁はお取替えいたします。

電気・電子系教科書シリーズ

（各巻A5判）

- ■編集委員長　高橋　寛
- ■幹　　事　湯田幸八
- ■編集委員　江間　敏・竹下鉄夫・多田泰芳
  中澤達夫・西山明彦

配本順	書名	著者	頁	本体
1.（16回）	電気基礎	柴田尚志・皆藤新芳 共著	252	3000円
2.（14回）	電磁気学	多田泰芳・柴田尚志 共著	304	3600円
3.（21回）	電気回路Ⅰ	柴田尚志 著	248	3000円
4.（ 3回）	電気回路Ⅱ	遠藤　勲・鈴木靖雄・藤木　純 共著	208	2600円
5.（27回）	電気・電子計測工学	遠坂・吉澤・降矢・福田・吉村・高崎・西山・下平・奥西 共著	222	2800円
6.（ 8回）	制御工学	下西二鎮・奥平鎮正・青木立幸 共著	216	2600円
7.（18回）	ディジタル制御	青木・木堀・西俊 共著	202	2500円
8.（25回）	ロボット工学	白水俊次 著	240	3000円
9.（ 1回）	電子工学基礎	中澤達夫・藤原勝幸 共著	174	2200円
10.（ 6回）	半導体工学	渡辺英夫 著	160	2000円
11.（15回）	電気・電子材料	中澤・押田・森田・須田 共著	208	2500円
12.（13回）	電子回路	土田英一・押原健二 共著	238	2800円
13.（ 2回）	ディジタル回路	伊若・吉海・澤賀 共著	240	2800円
14.（11回）	情報リテラシー入門	室賀進也・山下巌 共著	176	2200円
15.（19回）	C++プログラミング入門	湯田幸八 著	256	2800円
16.（22回）	マイクロコンピュータ制御 プログラミング入門	柚賀正光・千代谷慶 共著	244	3000円
17.（17回）	計算機システム（改訂版）	春日健治・舘泉雄治・日泉・田原八博 共著	240	2800円
18.（10回）	アルゴリズムとデータ構造	湯田幸充・伊原勉 共著	252	3000円
19.（ 7回）	電気機器工学	前田勉・新谷弘 共著	222	2700円
20.（ 9回）	パワーエレクトロニクス	江間　敏・高橋　勲 共著	202	2500円
21.（28回）	電力工学（改訂版）	江甲斐敏章 共著	296	3000円
22.（ 5回）	情報理論	三吉隆・木村成彦 共著	216	2600円
23.（26回）	通信工学	竹下鉄夫・吉川英機 共著	198	2500円
24.（24回）	電波工学	松田豊稔・宮田克正・南部幸久 共著	238	2800円
25.（23回）	情報通信システム（改訂版）	岡田裕正・桑原史夫 共著	206	2500円
26.（20回）	高電圧工学	植松月原史志・箕田充志 共著	216	2800円

定価は本体価格＋税です。
定価は変更されることがありますのでご了承下さい。

図書目録進呈◆

電子情報通信レクチャーシリーズ

■電子情報通信学会編　　　　　　　　　　　　　　　　　　（各巻B5判）

共　通

	配本順			頁	本　体
A-1	（第30回）	電子情報通信と産業	西村吉雄著	272	4700円
A-2	（第14回）	電子情報通信技術史 ―おもに日本を中心としたマイルストーン―	「技術と歴史」研究会編	276	4700円
A-3	（第26回）	情報社会・セキュリティ・倫理	辻井重男著	172	3000円
A-4		メディアと人間	原島　博 北川高嗣 共著		
A-5	（第6回）	情報リテラシーとプレゼンテーション	青木由直著	216	3400円
A-6	（第29回）	コンピュータの基礎	村岡洋一著	160	2800円
A-7	（第19回）	情報通信ネットワーク	水澤純一著	192	3000円
A-8		マイクロエレクトロニクス	亀山充隆著		
A-9		電子物性とデバイス	益川一修 天川　哉 共著		

基　礎

	配本順			頁	本　体
B-1		電気電子基礎数学	大石進一著		
B-2		基礎電気回路	篠田庄司著		
B-3		信号とシステム	荒川　薫著		
B-5	（第33回）	論理回路	安浦寛人著	140	2400円
B-6	（第9回）	オートマトン・言語と計算理論	岩間一雄著	186	3000円
B-7		コンピュータプログラミング	富樫　敦著		
B-8	（第35回）	データ構造とアルゴリズム	岩沼宏治他著	208	3300円
B-9		ネットワーク工学	仙石正和 田村裕 中野敬介 共著		
B-10	（第1回）	電磁気学	後藤尚久著	186	2900円
B-11	（第20回）	基礎電子物性工学 ―量子力学の基本と応用―	阿部正紀著	154	2700円
B-12	（第4回）	波動解析基礎	小柴正則著	162	2600円
B-13	（第2回）	電磁気計測	岩﨑　俊著	182	2900円

基　盤

	配本順			頁	本　体
C-1	（第13回）	情報・符号・暗号の理論	今井秀樹著	220	3500円
C-2		ディジタル信号処理	西原明法著		
C-3	（第25回）	電子回路	関根慶太郎著	190	3300円
C-4	（第21回）	数理計画法	山下信雄 福島雅夫 共著	192	3000円
C-5		通信システム工学	三木哲也著		
C-6	（第17回）	インターネット工学	後藤滋樹 外山勝保 共著	162	2800円
C-7	（第3回）	画像・メディア工学	吹抜敬彦著	182	2900円

	配本順			頁	本体
C-8	(第32回)	音声・言語処理	広瀬啓吉著	140	2400円
C-9	(第11回)	コンピュータアーキテクチャ	坂井修一著	158	2700円
C-10		オペレーティングシステム			
C-11		ソフトウェア基礎	外山芳人著		
C-12		データベース			
C-13	(第31回)	集積回路設計	浅田邦博著	208	3600円
C-14	(第27回)	電子デバイス	和保孝夫著	198	3200円
C-15	(第8回)	光・電磁波工学	鹿子嶋憲一著	200	3300円
C-16	(第28回)	電子物性工学	奥村次徳著	160	2800円

展 開

	配本順			頁	本体
D-1		量子情報工学	山崎浩一著		
D-2		複雑性科学			
D-3	(第22回)	非線形理論	香田徹著	208	3600円
D-4		ソフトコンピューティング			
D-5	(第23回)	モバイルコミュニケーション	中川正雄・大槻知明共著	176	3000円
D-6		モバイルコンピューティング			
D-7		データ圧縮	谷本正幸著		
D-8	(第12回)	現代暗号の基礎数理	黒澤馨・尾形わかは共著	198	3100円
D-10		ヒューマンインタフェース			
D-11	(第18回)	結像光学の基礎	本田捷夫著	174	3000円
D-12		コンピュータグラフィックス			
D-13		自然言語処理	松本裕治著		
D-14	(第5回)	並列分散処理	谷口秀夫著	148	2300円
D-15		電波システム工学	唐沢好男・藤井威生共著		
D-16		電磁環境工学	徳田正満著		
D-17	(第16回)	ＶＬＳＩ工学 —基礎・設計編—	岩田穆著	182	3100円
D-18	(第10回)	超高速エレクトロニクス	中村徹・三島友義共著	158	2600円
D-19		量子効果エレクトロニクス	荒川泰彦著		
D-20		先端光エレクトロニクス			
D-21		先端マイクロエレクトロニクス			
D-22		ゲノム情報処理	高木利久・小池麻子編著		
D-23	(第24回)	バイオ情報学 —パーソナルゲノム解析から生体シミュレーションまで—	小長谷明彦著	172	3000円
D-24	(第7回)	脳工学	武田常広著	240	3800円
D-25	(第34回)	福祉工学の基礎	伊福部達著	236	4100円
D-26		医用工学			
D-27	(第15回)	ＶＬＳＩ工学 —製造プロセス編—	角南英夫著	204	3300円

定価は本体価格＋税です。

定価は変更されることがありますのでご了承下さい。

図書目録進呈◆

コンピュータサイエンス教科書シリーズ

（各巻A5判）

■編集委員長　曽和将容
■編集委員　　岩田　彰・富田悦次

	配本順			頁	本体
1.	（8回）	情報リテラシー	立花　康夫 曽和将容 春日秀雄 共著	234	2800円
2.	（15回）	データ構造とアルゴリズム	伊藤大雄著	228	2800円
4.	（7回）	プログラミング言語論	大山口通夫 五味　弘 共著	238	2900円
5.	（14回）	論理回路	曽和将容 範　公可 共著	174	2500円
6.	（1回）	コンピュータアーキテクチャ	曽和将容著	232	2800円
7.	（9回）	オペレーティングシステム	大澤範高著	240	2900円
8.	（3回）	コンパイラ	中田育男監修 中井央著	206	2500円
10.	（13回）	インターネット	加藤聰彦著	240	3000円
11.	（4回）	ディジタル通信	岩波保則著	232	2800円
12.	（16回）	人工知能原理	加納政芳 山田雅之 遠藤守 共著	232	2900円
13.	（10回）	ディジタルシグナル 　　　プロセッシング	岩田彰編著	190	2500円
15.	（2回）	離散数学 ―CD-ROM付―	牛島和夫編著 相利民一 朝廣雄一 共著	224	3000円
16.	（5回）	計算論	小林孝次郎著	214	2600円
18.	（11回）	数理論理学	古川康一 向井国昭 共著	234	2800円
19.	（6回）	数理計画法	加藤直樹著	232	2800円
20.	（12回）	数値計算	加古孝著	188	2400円

以下続刊

3.	形式言語とオートマトン	町田元著	9.	ヒューマンコンピュータ 　　インタラクション	田野俊一 高野健太郎 共著
14.	情報代数と符号理論	山口和彦著	17.	確率論と情報理論	川端勉著

定価は本体価格+税です。
定価は変更されることがありますのでご了承下さい。

‖‖‖‖‖‖‖‖‖‖‖‖‖‖‖‖‖‖‖‖‖ 図書目録進呈◆